Über die photochemische Darstellung nanoskaliger Hauptgruppenelemente

und neuartige Farbstoffsolarzellen

Über die photochemische Darstellung nanoskaliger Hauptgruppenelemente und neuartige Farbstoffsolarzellen

Zur Erlangung des akademischen Grades eines

DOKTORS DER NATURWISSENSCHAFTEN

(Dr. rer. nat.)

von der Fakultät für Chemie und Biowissenschaften des

Karlsruher Institut für Technologie (KIT) - Universitätsbereich

genehmigte

DISSERTATION

von

Diplom-Chemiker Andreas Luz

aus Mühlacker

Dekan: Prof. Dr. M. Bastmeyer

Referent: Prof. Dr. C. Feldmann

Korreferent: Prof. Dr. U. Lemmer

Tag der Schlusssitzung: 16.12.2011

Die vorliegende Arbeit wurde in der Zeit von Oktober 2007 bis Oktober 2011 am Institut für Anorganische Chemie des KIT unter Anleitung von Prof. Dr. C. Feldmann angefertigt.

Bibliografische Information der Deutschen Nationalbibliothek

Die Deutsche Nationalbibliothek verzeichnet diese Publikation in der Deutschen Nationalbibliografie; detaillierte bibliografische Daten sind im Internet über http://dnb.d-nb.de abrufbar.

1. Aufl. - Göttingen : Cuvillier, 2012

Zugl.: Karlsruhe (KIT), Univ., Diss., 2011

978-3-95404-138-1

Nonnenstieg 8, 37075 Göttingen

Telefon: 0551-54724-0

Telefax: 0551-54724-21

www.cuvillier.de

1. Auflage, 2012

Gedruckt auf säurefreiem Papier

978-3-95404-138-1

Inhaltsverzeichnis

1. Einleitung 5
2. Motivation 8
  2.1 Chemische Nanopartikelsynthese 8
  2.2 Farbstoffsolarzellen 11
3. Methoden und Materialien 18
  3.1 Synthesemethoden 18
    3.1.1 Synthesen unter Schutzgas 18
    3.1.2 Synthesen unter UV-Bestrahlung 18
  3.2 Untersuchungsmethoden 20
    3.2.1 Rasterelektronenmikroskopie 20
    3.2.2 Energiedispersive Röntgenspektroskopie (EDX) 28
    3.2.3 Röntgenbeugung an Pulverproben 29
    3.2.4 Optische Spektroskopie 32
    3.2.5 Schwingungsspektroskopie 33
    3.2.6 Dynamische Lichtstreuung (DLS) 35
    3.2.7 Kernspinresonanzspektroskopie (NMR) 37
    3.2.8 Thermische Analysemethoden (DTA/TG) 39
    3.2.9 Oberflächenbestimmung durch Gassorption 39
    3.2.10 Charakterisierung von Solarzellen 40
    3.2.11 Größenausschluss-Chromatographie 43
  3.3 Verwendete Materialien 45
4. Ergebnisse und Diskussion 46
  4.1 Synthese von Hauptgruppenmetall-Nanopartikeln 46
    4.1.1 Aktueller Stand der Forschung 46
    4.1.2 Photochemische Synthese von Hauptgruppenelement-Partikeln 48
    4.1.3 Untersuchung zum photochemischen Reaktionsmechanismus 70
  4.2 Bismutoxidhalogenide als p-Halbleiter für Farbstoffsolarzellen 77

4.2.1 Aktueller Stand der Forschung 77
4.2.2 Darstellung von BiOX-Nanopartikeln 81
4.2.3 Konstruktion und Untersuchung von BiOX-Solarzellen 90
5. Zusammenfassung 99
6. Ausblick 102
Abkürzungsverzeichnis 105
Gleichungsverzeichnis 108
Abbildungsverzeichnis 109
Literaturverzeichnis 113
Lebenslauf 120
Publikationsliste 121
Danksagung 122

1. Einleitung

O EINE EDLE HIMMELSGABE IST

DAS LICHT DES AUGES – ALLE WESEN LEBEN

VOM LICHTE, JEDES GLÜCKLICHE GESCHÖPF –

DIE PFLANZE SELBST KEHRT FREUDIG SICH ZUM LICHTE.

Arnold von Melchthal (Wilhelm Tell [1])

Wie dieses Schillerzitat besagt, ist Licht absolut notwendig für die allermeisten Lebewesen auf diesem Planeten. Aus Sicht des Menschen ist Licht nicht nur Informationsträger für unseren wichtigsten Sinn, den Gesichtssinn. Auch stammt fast alle für uns verfügbare Energie auf diesem Planeten direkt oder indirekt von der Sonne. Die Nahrungskette in Tier- und Pflanzenreich beginnt mit der Photosynthese, der Fixierung von Sonnenlicht in Form von energiereichen Kohlenstoffverbindungen, auf die alle höheren Lebewesen angewiesen sind. Auch die fossilen Energieträger sind nichts anderes als ungenutzte Überreste aus Photosynthese-Prozessen, die geologisch für lange Zeit konserviert worden sind. Ebenso hängen die regenerativen Energiequellen (bis auf wenige Ausnahmen wie Geothermie und Gezeitenkraft) vom Sonnenlicht ab. Offensichtlich ist dies bei der Photovoltaik, aber auch Wind- und Wasserkraft kommen von nichts anderem als von Sonnenlicht, das in Form von Wetterphänomenen wie Luftbewegungen oder Niederschlägen genutzt wird.

Licht wechselwirkt mit fester Materie durch Absorption, Emission, Transmission, Reflexion, Brechung, Beugung und Streuung nach den Gesetzen der Optik und trägt somit Informationen über die Materialien, mit denen es interagiert. Dies wird von Lebewesen, aber auch technischen Geräten, zur Orientierung in der Umgebung ausgenutzt. Es können auch künstliche Signale mit Licht übertragen werden, was schon bei Sicherheitswesten als besonders stark Licht reflektierenden Gegenständen anfängt. Auch Lichtquellen erlauben mehr, als nur in ihrem Schein zu sehen: Ein Autoscheinwerfer dient zwar zum

Erhellen der Umgebung, aber ebenso zur Warnung entgegenkommender Fahrzeuge. Die Modulation von Eigenschaften des Lichts gibt weitere Möglichkeiten, Informationen zu übermitteln. Eine Morselampe überträgt Buchstaben durch die zeitliche Veränderung der Lichtintensität (allerdings nur zwischen zwei Zuständen – an und aus) und das Spektrum eines Sterns beinhaltet Informationen über seine chemische Zusammensetzung.

Anhand der genannten Beispiele und darüber hinaus zeigt sich, dass Licht viele Fachbereiche verbindet, sei es Kunst, Biologie, Energiewirtschaft oder Astronomie. Auch in dieser Arbeit ist Licht der sprichwörtliche „Rote Faden“, der die Einzelexperimente miteinander verbindet. Natürlich wird kaum eine experimentelle naturwissenschaftliche Arbeit heutzutage ohne die Verwendung von Licht als wissenschaftlichem Werkzeug angefertigt. Dafür sorgen schon die vielfältigen Methoden der Spektroskopie, aus denen auch hier eine Auswahl zur Anwendung kam. Zusätzlich wurde Licht in dieser Arbeit als Energiequelle und als Reaktionsparameter eingesetzt. Im Sinne des Welle-Teilchen-Dualismus kann Licht als Strom von Photonen verstanden werden. Diese Quasiteilchen können, in der Sprache der Chemiker, mit Molekülen reagieren und diese in einen angeregten Zustand überführen. Dies wurde in dieser Arbeit zur Entwicklung einer neuen Synthesemethode für Elementnanopartikel der Hauptgruppenelemente aus ihren Halogeniden verwendet. Zudem wurden Farbstoffsolarzellen mit einem Bismutoxidhalogenid als Halbleitermaterial untersucht, welches über einen Farbstoff von Licht in einen angeregten Zustand versetzt wird. Bei der Untersuchung dieser beiden Themen wurden ebenfalls viele Fachbereiche berührt: Polymerchemie, Halbleiterphysik, Nanopartikelsynthese, Konstruktion von Solarzellen, Radikalchemie der Hauptgruppen und andere.

Interdisziplinarität ist als Chance zu sehen. Diese Meinung vertrat auch Schiller in seiner Antrittsvorlesung „Was heißt und zu welchem Ende studiert man

Universalgeschichte?“ [2]. Er warnt vor den *„Brodgelehrten“*, welche die Aufweitung der Grenzen ihres Fachgebiets fürchten, da dies ihr sicher geglaubtes Wissen entwerten könne. Und er lobt den *„philosophischen Kopf“*, der sein Fachgebiet zu anderen Gebieten ausweiten und mit ihnen vereinigen möchte, um *„ihren Bund mit den übrigen wieder herzustellen (...), denn nur der abstrahirende (sic) Verstand hat jene Grenzen gemacht, hat jene Wissenschaften von einander geschieden.“*

Diese Arbeit soll ihren Teil zum Einreißen der Grenzen zwischen der anorganischen Chemie und den anderen Fachgebieten beitragen.

2. Motivation

2.1 Chemische Nanopartikelsynthese

Chemische Synthesemethoden für Nanopartikel erfolgen häufig nach dem *Bottom-Up*-Ansatz. Dies bedeutet, dass die Zielstrukturen aus kleineren Komponenten aufgebaut werden. Das Gegenteil dazu ist der *Top-Down*-Ansatz, bei dem die Zielstrukturen aus einer größeren Ausgangsstruktur herausgearbeitet werden [3]. Kleinere Komponenten als Nanopartikel bedeutet, dass die Partikel aus atomaren oder molekularen Bausteinen aufgebaut werden. Dies wird häufig durch Nukleation aus homogener Lösung erreicht.

Dass man bei geeigneter (oder ungeeigneter, je nach Blickwinkel) Reaktionsführung einer Fällungsreaktion zu sehr kleinen Partikeln kommen kann, warnt schon ein Lehrbuch der Quantitativen Analyse von 1956 [4], also zu einer Zeit, in der das Schlagwort Nanotechnologie noch nicht geprägt war. Darin ist der Hinweis zu finden, dass man „unfiltrierbare Niederschläge" vermeiden kann, wenn vom Fällungsreagenz zuerst wenige Tropfen und anschließend die restliche Portion zugegeben werden.

Die zugrunde liegenden Prozesse erklärt das LaMer-Modell für homogene Keimbildung und anschließendem Keimwachstum [5]. Es wurde von Viktor LaMer anhand der Bildung von Schwefelsolen aufgestellt und geht davon aus, dass in homogener, keimfreier Lösung ein schwerlöslicher Stoff nicht sofort bei Überschreiten seiner Löslichkeitsgrenze ausfällt. Stattdessen baut sich aufgrund von kinetischer Hemmung eine Übersättigung auf. Erst wenn mit der kritischen Übersättigung eine zweite Schwelle überschritten wird, reicht die Triebkraft aus, homogen in der Lösung spontane Keimbildung auszulösen. Diese Keimbildung senkt die Konzentration des schwerlöslichen Stoffes in der Lösung, weshalb keine weitere Keimbildung mehr stattfindet, sobald die Konzentration unter die kritische Übersättigung fällt. Da nun Keime in der Lösung vorhanden sind, wird die verbleibende Übersättigung bis zum Erreichen der maximalen Löslichkeit durch Keimwachstum aufgebraucht. Die vorhandenen Keime wachsen über eine identische Zeit, woraus eine einheitliche Größenverteilung resultiert.

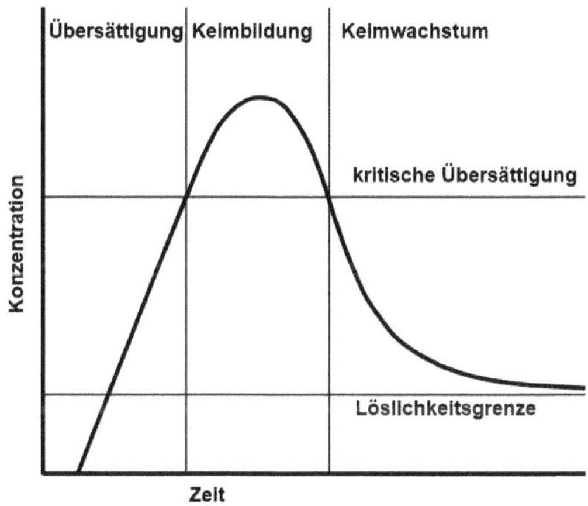

Abbildung 1: Zeitlicher Verlauf von Keimbildung und -wachstum nach LaMer [5].

Jetzt lässt sich auch der Lehrbuchhinweis zur Vermeidung „unfiltrierbarer Niederschläge“, das heißt von Nanopartikel-Suspensionen, verstehen: Durch Zugabe einiger Tropfen an Fällungsmittel vor der eigentlichen Fällung bilden sich schon einige Keime, die Lösung ist nicht länger frei von Kristallisationskeimen. Wird danach die Fällung durchgeführt, kann sich keine spontane Keimbildung mehr einstellen, stattdessen wachsen die schon vorhandenen Keime zu großen, gut filtrierbaren Kristallen.

Um Nanopartikel mit enger Größenverteilung zu erhalten, muss nun das Gegenteil erreicht werden: Eine Lösung muss bis zur Fällung keimfrei bleiben. Die kritische Übersättigung muss schlagartig überschritten werden, um die Phase der Keimbildung zeitlich genau zu definieren und zeitgleiches Wachstum für alle Partikel zu gewährleisten.

Diese schlagartige Übersättigung kann auf zwei Arten erreicht werden: Zum einen kann zu einer vorhandenen Lösung eines Edukts ein zweites Edukt rasch hinzugegeben werden. Zum anderen kann die schnelle Reaktion einer Precursor-

Lösung zum gewünschten schwerlöslichen Produkt verwendet werden. Diese Reaktion wird meistens durch rasches Erhitzen ausgelöst. Beide Methoden können auch zur sogenannten *Hot-Injection*-Methode kombiniert werden: In eine heiße Lösung eines Edukts wird ein zweites schlagartig zugegeben. Die Edukte reagieren nur bei erhöhter Temperatur miteinander, so dass das Keimwachstum auch durch Abkühlen der Reaktionslösung beendet werden kann [6-10].

Um das Keimwachstum noch besser zu kontrollieren, werden oft Stabilisatoren zugesetzt oder als Lösemittel verwendet. Diese binden an die Oberfläche der entstehenden Partikel und schirmen diese sterisch von den Edukten in der Lösung ab, so dass weitere Wachstumsprozesse eine erhöhte Aktivierungsenergie erfordern und damit verlangsamt werden. Auch können die Stabilisatoren eine Agglomeration der Partikel verhindern. Bekannte Synthesemethoden sind beispielsweise die TOP/TOPO-Route zu Cadmiumselenid oder -sulfidpartikeln [11, 12], welche Trioctylphosphin (TOP) und Trioctylphosphinoxid (TOPO) als Stabilisator und Lösemittel verwendet; sowie die Polyolmethode für Metall- und Metalloxidpartikel, bei der mehrwertige Alkohole als Stabilisator, Lösungsmittel und eventuell Reduktionsmittel eingesetzt werden [13-16].

Aufgrund der benötigten homogenen Lösung ergeben sich beim Aufskalieren von Fällungsmethoden häufig Schwierigkeiten, da mit zunehmendem Volumen eine homogene Durchmischung mehr Zeit beansprucht. Zudem ist das schnelle Aufheizen und Abkühlen großer Volumina an Lösemittel sehr energieintensiv.

Eine andere Methode die Precursor-Lösung zum schwerlöslichen Edukt umzusetzen ist ein photochemischer Prozess. Mittels sichtbarem oder UV-Licht wird der Precursor in einen angeregten Zustand gebracht, aus dem er zum gewünschten Produkt reagiert. Alternativ kann auch ein Sensibilisator durch Licht angeregt werden und nachfolgend mit dem Edukt reagieren. Bei dieser Methode wäre kein Durchmischen der Eduktlösung für eine homogene

Keimbildung nötig, da Licht in Form eines elektromagnetischen Feld wirkt und nicht "eingerührt" werden muss. Allerdings ist eine Abschwächung der Intensität nach dem Lambert-Beerschen Gesetz für dickere Lösungsschichten zu erwarten, was abhängig vom Extinktionskoeffizienten zu mehr oder minder deutlichen inhomogenen Bestrahlungsintensitäten führt.
Mittels photochemischer Reaktionen können auch andere Produkte zugänglich sein, die auf andere Weise nicht oder nur schwer darstellbar sind. Exemplarisch sei hier die Paterno-Büchi-Reaktion als photochemisch initiierte [2+2]-Cycloaddition einer Carbonylverbindung mit einem Alken zu einem Oxetan-Ring genannt [17].

2.2 Farbstoffsolarzellen

Farbstoffsolarzellen, auch als Grätzel-Zellen oder DSSCs (englisch: Dye-Sensitized Solar Cells) bezeichnet, sind eine Bauart einer photovoltaischen Zelle. Sie unterscheiden sich von Halbleiter-basierten Solarzellen dadurch, dass sie für die Einzelschritte der Stromerzeugung aus Licht (Lichtabsorption, Ladungsträgertrennung und Ableitung von negativen und positiven Ladungsträger) einzelne Komponenten verwenden. Ein schematischer Aufbau ist in Abbildung 2 gezeigt.

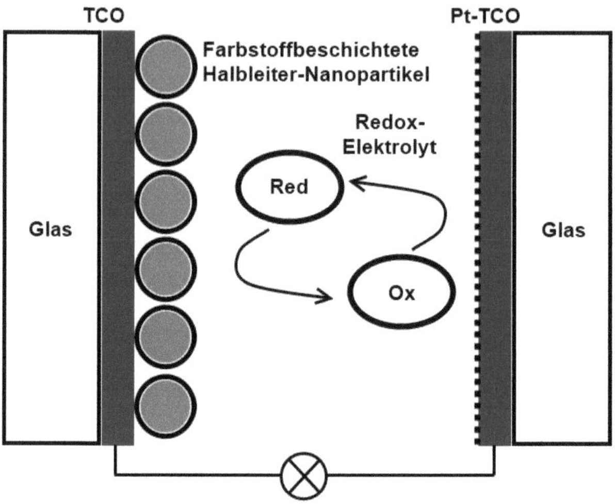

Abbildung 2: Schematischer Querschnitt einer Farbstoffsolarzelle.

Der namensgebende Farbstoff ist in einer Monolage auf der Halbleiter-Oberfläche adsorbiert. Um die Oberfläche zu maximieren, liegt der Halbleiter in Form von Nanopartikeln vor. Entsprechend sind die absolute Farbstoffmenge und damit die Absorption von Licht erhöht. Wird ein Photon vom Farbstoff absorbiert, so wird damit ein Elektron aus dem höchsten besetzten Molekülorbital (HOMO) ins niedrigste unbesetzte Molekülorbital (LUMO) des Farbstoffs angehoben, der Farbstoff befindet sich nun in einem angeregten Zustand. Liegt das Leitungsband des Halbleiters energetisch etwas niedriger als das LUMO des Farbstoffs, kann das angeregte Elektron ins Leitungsband übertragen werden. Von dort aus wird es über eine Elektrode aus transparenten leitfähigen Oxiden (englisch: Transparent Conductive Oxides, TCO) abgeleitet. Der zurückbleibende, oxidierte Farbstoff wird wieder reduziert durch Transfer eines Elektrons vom Redox-Elektrolyten in sein HOMO. Der Redox-Elektrolyt gelangt durch Diffusion an die Rückelektrode und wird dort wieder an einer mit Platin als Katalysator versehenen TCO-Schicht regeneriert. Werden beide Elektroden über einen Verbraucher verbunden, ist der Stromkreis geschlossen. Die energetische Situation wird in Abbildung 3 verdeutlicht. Die maximale anliegende Potentialdifferenz entspricht der Differenz zwischen der Fermi-Kante der Photoanode (am unteren Rand des Leitungsbands des Halbleiters) und der Fermi-Kante der Kathode.

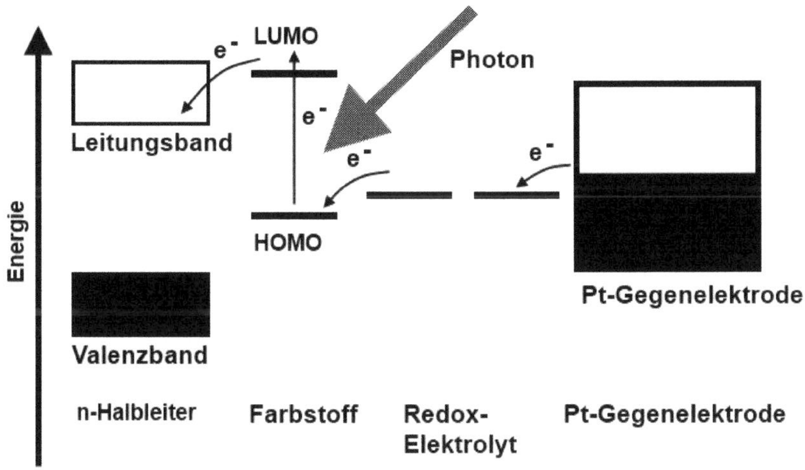

Abbildung 3: Schematische Lage der Energieniveaus in einer Farbstoffsolarzelle (*n*-Typ).

Grätzel *et al.* beschrieben 1991 eine Farbstoffsolarzelle, deren Aufbau bis heute maßgeblich ist [18]. Es wurden Nanopartikel aus Titandioxid in der Anatas-Modifikation verwendet, einem Halbleiter mit einem vergleichsweisen großen Bandabstand von 3,2 eV. Folglich absorbieren diese Partikel nicht im Bereich des sichtbaren Lichts. Darauf wurde als Farbstoff ein Ruthenium-Komplex mittels Carboxygruppen verankert, der über weite Bereiche des sichtbaren Lichts stark absorbiert. Als Redox-Elektrolyt diente das gelöste Redoxpaar Iodid-Triiodid. Das Prinzip dieser Zelle wurde bis heute weiter verfeinert, so dass reproduzierbar über 10% Effizienz erreicht werden [19].

Die Vorteile von Farbstoffsolarzellen verglichen mit Halbleiter-basierenden Solarzellen sind ihre gute Toleranz für diffuses Licht und die Möglichkeit, sie aus wenig energieintensiven Materialen zu konstruieren. Zudem verbessert sich ihre Konversionseffizienz bei leicht erhöhten Temperaturen (~50 °C), im

Gegensatz zu Halbleiter-basierten Solarzellen. Deren Konversionseffizienz ist bei den typischen Einsatztemperaturen unter voller Sonneneinstrahlung geringer als bei Raumtemperatur. Auch ist es möglich, Farbstoffsolarzellen ähnlich wie Milchglas halbtransparent zu gestalten, so dass sie beispielsweise in Fensterelementen verwendet werden können. Für den Einsatz auf Textilien können Farbstoffsolarzellen als flexible Folie konstruiert werden.

Als Nachteile gegenüber Halbleiter-basierten Solarzellen ist die geringere Konversionseffizienz von 10% verglichen mit beispielsweise 19% von kommerziell erhältlichen Siliziumzellen (amorph) zu nennen [20]. Auch relativiert der komplizierte Aufbau aus vielen Einzelkomponenten den Vorteil der möglichen Konstruktion aus einfachen Materialien. Die Verwendung eines flüssigen Elektrolyten kann die Lebensdauer der Zelle negativ beeinflussen. Der Einsatz von Festkörperelektrolyten wird jedoch bereits erforscht.

Da das verwendete Titandioxid ein *n*-Halbleiter ist, das bedeutet, dass die Majoritätsladungsträger **n**egativ geladen sind (Elektronen), eignet es sich gut, um Elektronen vom Farbstoff abzuleiten. Wird nun ein *p*-Halbleiter verwendet, dessen Majoritätsladungsträger **p**ositiv geladen sind („Löcher"), so ändert sich das Arbeitsprinzip einer Farbstoffsolarzelle, wie in Abbildung 4 verdeutlicht ist.

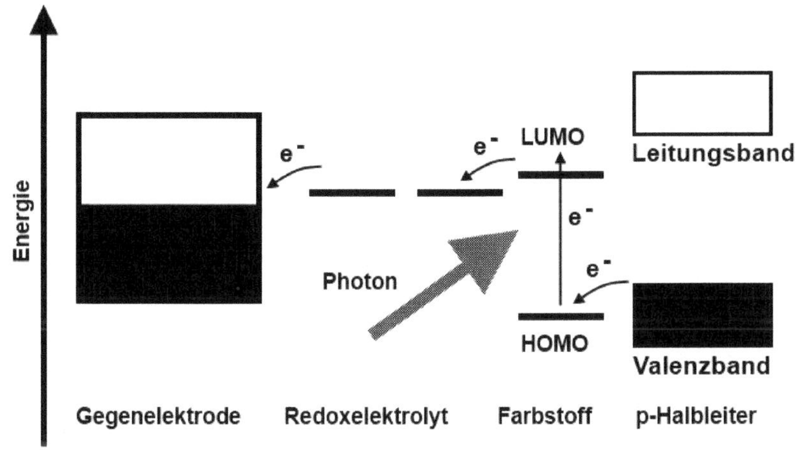

Abbildung 4: Schematische Lage der Energieniveaus in einer Farbstoffsolarzelle (*p*-Typ).

Wird ein Elektron des Farbstoffs durch Absorption von Licht in das LUMO angeregt, so kann ein Elektron aus dem Valenzband des Halbleiters den vakanten Platz im HOMO einnehmen; anders ausgedrückt injiziert der Farbstoff Löcher ins Valenzband. Das Elektron im LUMO wird an den Redoxelektrolyten abgegeben, der dadurch reduziert wird und an der Gegenelektrode oxidiert werden muss. Folglich ändert sich auch die Stromrichtung: die Gegenelektrode ist die Anode und die photoaktive Elektrode die Kathode. Aus Sicht des Redoxelektrolyten liegt bei der Farbstoffsolarzelle (*n*-Typ) eine elektronenverbrauchende Photoanode, und bei der Farbstoffsolarzelle (*p*-Typ) eine elektronenliefernde Photokathode vor. Es liegt also auf der Hand, beide Typen in einem Aufbau zu vereinen, wie in Abbildung 5 skizziert.

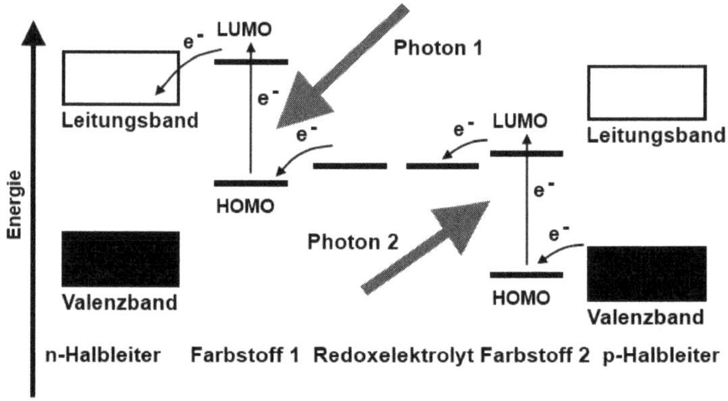

Abbildung 5: Schematische Lage der Energieniveaus in einer Tandem-Farbstoffsolarzelle.

Eine solche Tandem-Farbstoffsolarzelle entspricht der Reihenschaltung der zwei Einzelzellen und hat den Vorteil, dass sich die Spannungen der Einzelzellen im Idealfall addieren. Zudem enthält sie zwei verschiedene Farbstoffe, die auf unterschiedliche Bereiche des Sonnenspektrums abgestimmt werden können. Folglich erhöht sich das Shockley-Queisser-Limit der theoretisch möglichen Effizienz von 31% für Ein-Absorber-Zellen auf 42% für Tandemzellen [21]. Jedoch muss für eine solche Tandem-Farbstoffsolarzelle die *p*-Seite genauso viele Elektronen an den Redoxelektrolyten übergeben, wie die *n*-Seite entnimmt. Durch eine unterschiedliche Dicke der jeweiligen Halbleiter-Nanopartikelschichten kann dieses Verhältnis etwas abgestimmt werden, aber aufgrund der immer länger werdenden Diffusionsstrecken in der Zelle lässt sich diese Methode nicht beliebig skalieren. Deshalb scheitert die Konstruktion einer effizienten Tandem-Farbstoffsolarzelle bislang daran, dass die Farbstoffsolarzellen vom *p*-Typ Stromdichten liefern, welche etwa eine Größenordnung kleiner sind als Farbstoffsolarzellen vom *n*-Typ. Zudem liegt das Ferminiveau des bis jetzt am häufigsten verwendeten *p*-Halbleitermaterials Nickeloxid bei einem hohen elektrochemischen Absolutwert. Um größere Spannungen mit einer Farbstoffsolarzelle vom *p*-Typ zu erzielen, wäre ein

Halbleiter mit einer niedrigen Absolutlage der Fermikante wünschenswert. Dies würde einer Verschiebung der skizzierten Bänder nach unten in Abbildung 3 und Abbildung 5 entsprechen.

Die Bismutoxidhalogenide BiOCl, BiOBr und BiOI sind als photoelektrochemisch aktive *p*-Halbleiter durch die Arbeiten von Poznyak *et al.* seit langem bekannt [22], jedoch nicht die genaue Lage ihrer Fermi-Niveaus. Unter der Annahme, dass elektronegative Elemente die Bandkanten energetisch absenken, könnten zumindest Bismutoxidchlorid und eventuell das nasschemisch schwer herstellbare Bismutoxidfluorid ein niedrigeres Ferminiveau als Nickeloxid aufweisen. Generell sind keine vergleichbaren Daten für ihr Verhalten in einer Farbstoffsolarzelle vom *p*-Typ verfügbar.

Die andere Möglichkeit, die maximale Spannung einer Farbstoffsolarzelle zu erhöhen, wäre eine Änderung des Redoxpotentials des Elektrolyten. Als logische Alternative für das bekannte Iodid-Triiodid-System bieten sich hier andere Halogenide, besonders das System Bromid-Tribromid oder höhere Polybromide an. Das Normalpotential würde sich für Bromid fast verdoppeln: von +0,5355 V für die Reaktion $2\,I^- \rightarrow I_2 + 2\,e^-$ auf +1,065 V für die entsprechende Reaktion $2\,Br^- \rightarrow Br_2 + 2\,e^-$ [23]. Dieses hohe Normalpotential kann allerdings auch Probleme hervorrufen: so droht eine irreversible Oxidation oder Bromierung des organischen Farbstoffs oder des Lösungsmittels für den Elektrolyten. Durch "Einbettung" in ein Polybromid ließe sich eventuell die Reaktivität von Br^0 senken und das Redoxpotential anpassen. Für Polybromide in Ketten- oder Netzwerkform kann auch ein Grotthuss-analoger Mechanismus der Elektronenleitung diskutiert werden, bei dem sich nur die Ladung entlang der Ketten, nicht aber die Atomrümpfe bewegen [24]. Dieser Mechanismus kann auch als Zwischenstufe zwischen rein diffusivem Ladungstransport in flüssigen Elektrolyten und der reinen Bandleitung für feste Elektrolyte wie bei Snaith *et al.* verstanden werden [25].

3. Methoden und Materialien

3.1 Synthesemethoden

3.1.1 Synthesen unter Schutzgas

Metallpartikel sowie ihre Suspensionen wurden unter Ausschluss von Luftsauerstoff gehandhabt. Es wurde eine Schutzgasanlage verwendet, mit der sowohl unter Stickstoffatmosphäre wie auch unter Vakuum ($p > 10^{-3}$ mbar) gearbeitet werden konnte. Der Stickstoffstrom wurde vor der Benutzung durch Überleiten über Blaugel, Kaliumhydroxid, Molsieb (Porenweite 4Å) und Phosphor(V)oxid getrocknet. Die verwendeten Lösemittel wurden durch dreimaliges Evakuieren bis zum Sieden des Lösemittels und Fluten des Gasraums mit Stickstoff von gelöstem Sauerstoff befreit.

3.1.2 Synthesen unter UV-Bestrahlung

Bestrahlung von Lösungen mit UV- und sichtbarem Licht wurden in einem UV-Tauchreaktor vom Typ Laborreaktor-1 der Firma UV Consulting Peschl, Mainz durchgeführt. Dabei handelt es sich um ein Tauchlampensystem, welches eine TQ150-Hg-Mitteldrucklampe (Heraeus, Hanau) verwendet.

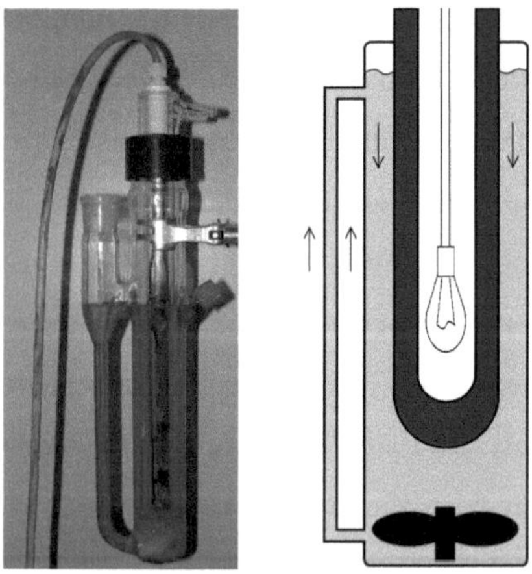

Abbildung 6: Photo und Skizze des verwendeten UV-Laborreaktors.

Wie in Abbildung 6 gezeigt, befindet sich die Lampe inmitten eines Wasserkühlers aus UV-durchlässigem Quarzglas (dunkelgrau), welcher in die zu bestrahlende Lösung (hellgrau) eintaucht, die von einem Rührer über ein Steigrohr ständig umgewälzt wird. Über Normschliff-Anschlüsse lässt sich der Laborreaktor mit der Schutzgas-Anlage verbinden. Die Quetschdichtung der eingeschobenen Lampe ist er jedoch nicht vakuumdicht und lässt nur eine Arbeit unter ausströmendem Stickstoff zu.

Quecksilber-Mitteldrucklampen besitzen ein breites Spektrum im nahen UV-Bereich, sowie einige scharfe Emissionslinien im Bereich des sichtbaren Lichts (Abbildung 7).

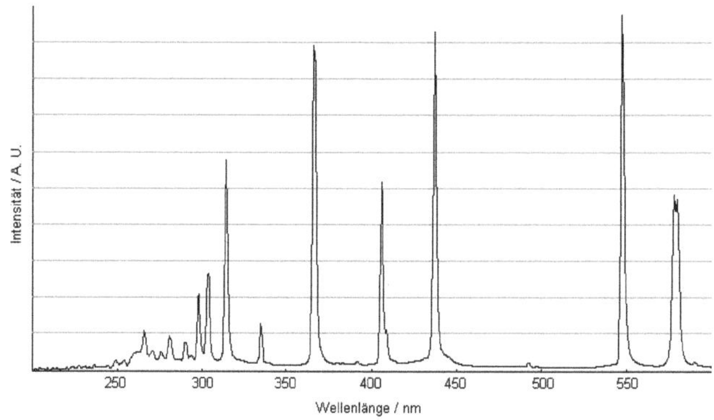

Abbildung 7: Spektrum der im UV-Reaktor verwendeten Hg-Mitteldrucklampe [26].

3.2 Untersuchungsmethoden

3.2.1 Rasterelektronenmikroskopie

Ein Elektronenmikroskop ist ein Mikroskop, welches beschleunigte Elektronen verwendet, um ein vergrößertes Abbild der zu untersuchenden Probe zu erstellen. Die Motivation, Elektronenstrahlen statt sichtbarem Licht in einem Mikroskop zu verwenden, ergibt sich aus der Abbe'schen Auflösungsgrenze, gemäß der die maximale theoretische Auflösung ungefähr der halben Wellenlänge der verwendeten Strahlung entspricht. Für sichtbares Licht (Wellenlänge von 380 nm bis 700 nm) ergibt sich eine bestmögliche Auflösung von ungefähr 200 nm; es eignet sich also nicht zur Betrachtung von Nanostrukturen. Beschleunigte Elektronen haben eine deutlich kürzere Wellenlänge von beispielsweise 0,1226 nm für Elektronen mit einer kinetischen Energie von 100 eV, sie eignen sich also prinzipiell zur Betrachtung von Strukturen im Nano- und Picometerbereich.

Jedoch ist bei der Elektronenmikroskopie zu beachten, dass der Kontrast der entstehenden Bilder aus einem anderen physikalischen Prozess, nämlich aus der Interaktion eines Elektronenstrahls mit Materie stammt und nicht aus der uns vertrauteren Wechselwirkung zwischen sichtbarem Licht und Materie. Auf die genauere Bedeutung des Kontrasts in elektronenmikroskopischen Aufnahmen wird später bei der Beschreibung der entsprechenden Detektoren eingegangen.

Zwei Bauarten von Elektronenmikroskopen werden am häufigsten verwendet, das Rasterelektronenmikroskop (REM) und das Transmissionselektronenmikroskop (TEM).

Beim TEM durchdringt ein stationärer Elektronenstrahl die Probe; aus dem transmittierten Strahl wird die Bildinformation gewonnen. Beim REM wird ein dünn fokussierter Elektronenstrahl zeilenförmig über die Probe gerastert und durch synchrones Auslesen von Detektoren – für beispielsweise rückgestreute Elektronen – das Bild generiert.

Da die elektronenmikroskopischen Aufnahmen für diese Arbeit unter Verwendung eines REMs angefertigt wurden, wird auf dessen Aufbau näher eingegangen.

Generell besteht jedes Elektronenmikroskop aus einer Elektronenkanone als Quelle der beschleunigten freien Elektronen, einem elektromagnetischem Linsensystem, welches die Elektronenstrahlung fokussiert, der Probe, mit welcher die Elektronenstrahlung wechselwirkt, sowie einem oder mehrere Detektoren, die diese Wechselwirkung registrieren (Abbildung 8). Dazu kommt noch ein Vakuumsystem, welches den Druck im Strahlengang der Elektronen weit genug senkt, um ihre mittlere freie Weglänge in die Größenordnung der Gerätelänge zu heben.

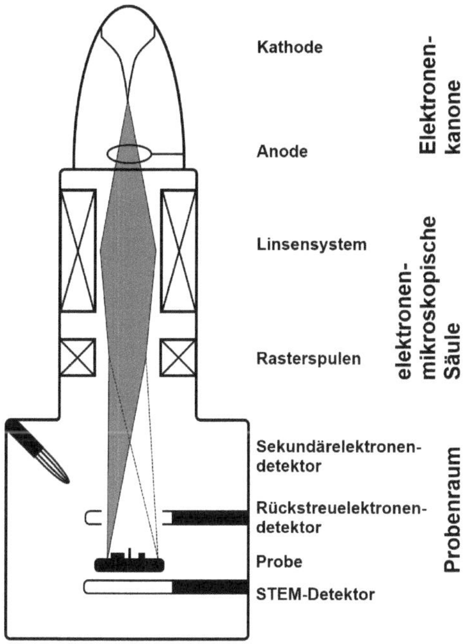

Abbildung 8: Schematischer Aufbau eines Rasterelektronenmikroskops.

Die Elektronenkanone wiederum setzt sich aus einer, freie Elektronen emittierenden Kathode und einem Beschleunigungssystem für diese zusammen.

Für die Kathode gibt es mehrere verschiedene Bauformen. Eine einfache Form ist ein gebogener Wolframdraht, der hoch genug geheizt wird, um den Edison-Effekt, also die Glühemission von Elektronen hervorzurufen. Diese Form entspricht der Kathode von Braunschen Röhren.

Eine andere Kathodenart verwendet das Prinzip der kalten Feldemission. Ein starkes elektrisches Feld saugt dabei die Elektronen ab, die sich durch quantenmechanisches Tunneln aus dem Festkörper gelöst haben. Um die Tunnelwahrscheinlichkeit von Elektronen zu erhöhen, verwendet man hier Kathodenoberflächen aus einem Material mit geringer Austrittsarbeit, zum Beispiel Zirkoniumoxid auf Wolfram. Gegenüber der Glühemission hat diese Methode den Vorteil der höheren Strahlströme und einer exakten Fokussierung des erhaltenen Strahls sowie eine sehr einheitliche kinetische Energie der erhaltenen Elektronen. Nachteilig ist, dass sich bei der kalten Feldemission die Kathodenoberfläche durch Adsorptionsprozesse schnell verschmutzt und damit die zeitliche Stabilität des Strahls gering ist.

Eine Lösung dafür ist die heiße Feldemission, die als Kombination der beiden bisher genannten Kathodenmodelle gesehen werden kann: die Kathode wird beheizt, wodurch die Oberfläche von Adsorbaten freigehalten und die effektive Austrittsarbeit, die ein Elektron zu überwinden hat, verringert wird. Zudem wird wie bei der kalten Feldemission ein starkes elektrisches Feld angelegt. Diese Kathode liefert nun einen scharf fokussierten Strahl mit einem hohen Strahlstrom und zeigt auch eine gute zeitliche Stabilität. Aus diesen Gründen hat sich diese Bauform bei Rasterelektronenmikroskopen für hohe Auflösungen unter dem englischen Begriff „Field Emission Scanning Electron Microscope“ (FESEM) durchgesetzt. Nachteilig sind die Komplexität einer solchen Kathode, die hohen Anforderungen an das Vakuum im Kathodenraum und der dadurch bedingte hohe Preis.

Die freien Elektronen, die von der Kathode freigesetzt werden, werden nun durch ein elektrisches Potential (bei einem REM aufgrund der

Strahlenschutzverordnung meist maximal 30 kV, bei einem TEM typischerweise mehrere Hundert kV) zwischen der Kathode und einer oder mehreren Anoden beschleunigt. Zwischen Kathode und Anode wird zumeist noch eine Vorrichtung geschaltet, die nur Elektronen mit einer gewünschten Flugbahn durchlässt, beispielsweise ein negativ geladener Wehnelt-Zylinder.

Der Elektronenstrahl wird nun im Linsensystem auf einen möglichst kleinen, runden und gleichmäßig ausgeleuchteten Querschnitt gebracht, in dessen Fokus die Probenoberfläche liegt. Die Größe dieses Fokus bestimmt neben anderen Faktoren die maximal mögliche Auflösung eines REMs. Im Gegensatz zu Linsen für das sichtbare Licht, verwendet man hier keine Linsen aus festem Material, sondern so genannte Elektronenlinsen. Diese bestehen aus einem elektromagnetischen oder elektrostatischen Feld, welches zylindersymmetrisch zum Strahlengang ist. Technisch wird dies durch den Einbau von Elektromagneten oder geladenen Zylindern erreicht; so kann man den oben erwähnten Wehnelt-Zylinder gemäß seiner Bedeutung auch als Teil des Linsensystems betrachten, obwohl er technisch zur Elektronenkanone gehört.

Der fokussierte Elektronenstrahl kann nun durch zwei Paar Elektromagnete, die um 90° gegeneinander verdreht angeordnet sind, in x-und y-Richtung abgelenkt und damit zeilenweise über die Probe gerastert werden.

Wenn der Elektronenstrahl nun auf das Probenmaterial trifft, entstehen durch die Wechselwirkungen verschiedene Effekte, die durch Detektoren aufgenommen werden können (Abbildung 9). Als Probe eignet sich jedes feste Material, das vakuumbeständig und einigermaßen elektrisch leitend ist, um eine Aufladung zu verhindern. Schlecht leitende Materialien können durch Besputtern mit einem Metall leitend gemacht werden. Eine Methode zur Untersuchung von nicht vakuumfesten Proben wird weiter unten beschrieben.

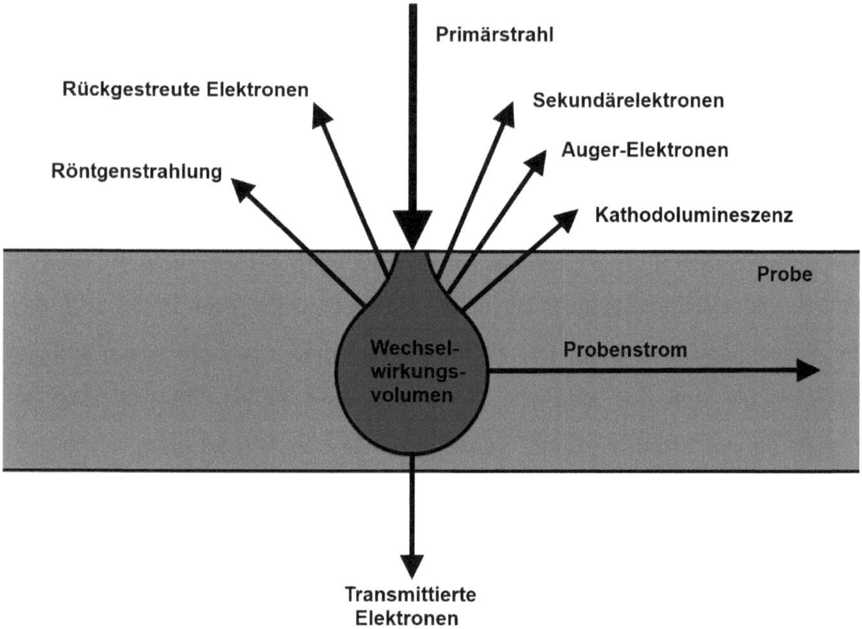

Abbildung 9: Skizze zu den möglichen Wechselwirkungen des Primärstrahls eines Elektronenmikroskops mit der Probe.

Detektoren zur Bildgebung – wie zum Beispiel ein Sekundärelektronendetektor – besitzen inhärent keine Ortsauflösung, sie nehmen lediglich ein Intensitätssignal in Abhängigkeit der Zeit auf. Nur in Kombination mit der bekannten x/y-Position des Elektronenstrahlfokus auf der Probe kann ein Bild generiert werden. Früher wurde dies einfach dadurch erreicht, dass man den Elektronenstrahl einer Schwarzweiß-Bildröhre als Schreibstrahl synchron mit dem Abtaststrahl des REMs geführt hat und so die Intensität am Detektor als Schwarzweißwert auf die Bildröhre geschrieben hat. Das Verhältnis „Abgetastete Länge“ zu „Geschriebene Länge“ ergibt damit die Vergrößerung des REMs. Heute wird die Detektorauswertung bei gleichem Grundprinzip digital vorgenommen.

Die Vielzahl an möglichen Detektoren eines REMs und die einfache Nachrüstbarkeit an einem bestehenden Gerät ist ein großer Vorteil, sie erlaubt seinen Einsatz als „Schweizer Taschenmesser der Oberflächenanalytik".

Der am weitesten verbreitete Detektor ist der Sekundärelektronendetektor. Er detektiert ehemalige, schwach gebundene Probenelektronen, die von den Primärelektronen des Elektronenstrahls herausgeschlagen wurden und nun eine geringe kinetische Energie (< 50 eV) besitzen. Aufgrund dieser geringen Energie können Sekundärelektronen nur aus der Probe entkommen, wenn sie nahe der Oberfläche entstehen. Wenn sie tiefer im Material entstehen, werden sie wieder vom Probenmaterial absorbiert, bevor sie entkommen können. Aus diesem Grund erscheinen Kanten und andere spitze Strukturen in einem Sekundärelektronenbild heller, da dort mehr Sekundärelektronen aus dem Material entkommen können (Abbildung 10). Man spricht hierbei vom Topographiekontrast des Sekundärelektronendetektors. Auch der in dieser Arbeit verwendete InLens-Detektor ist eine Spezialform des Sekundärelektronendetektors und senkrecht über der Probe in der letzten Elektronenlinse (daher der Name) eingebaut.

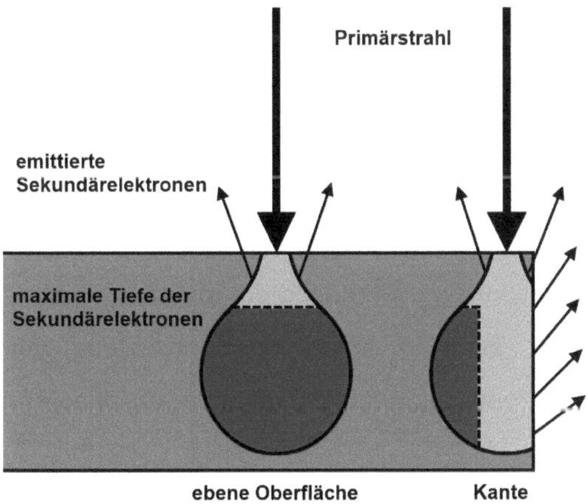

Abbildung 10: Skizze zur erhöhten Sekundärelektronenemission an Kanten (Topographiekontrast).

Im Gegensatz zum Sekundärelektronendetektor besitzt der Rückstreuelektronendetektor (BSE-Detektor, englisch: Back Scattered Electron-Detector) einen so genannten Materialkontrast (auch: Z-Kontrast nach der Ordnungszahl Z), die Probe erscheint umso heller im Elektronenmikroskopbild, je größer die Ordnungszahl der zugehörigen Elemente ist. Dies liegt daran, dass die Rückstreuwahrscheinlichkeit für ein Primärelektron steigt, je mehr Rumpfelektronen das getroffene Atom besitzt. Deren Anzahl wiederum entspricht der Ordnungszahl Z. Rückstreuelektronen sind somit reflektierte Primärelektronen und besitzen eine hohe kinetische Enegie (> 50 eV, bis hin zur Energie der Elektronen des Primärstrahls).

Ein weiteres mögliches Detektionsprinzip dient zur Arbeit unter partieller Gasfüllung des Probenraums (englisch: Environmental Scanning Electron Microscope, ESEM), was zur Analyse von nicht–vakuumfesten Proben nötig ist. Normale Sekundärelektronendetektoren können nur im Hochvakuum betrieben werden, da es ansonsten bauartbedingt zu Kurzschlüssen durch Überschlägen kommt. Die Aufweitung des REM-Fokus durch Stöße der Primärelektronen mit dem Kammergas nimmt man in Kauf; der ESEM-Detektor der Bauart Zeiss detektiert die Photolumineszenz, die durch die zahlreicheren Stöße der Sekundärelektronen mit dem Kammergas entsteht. Das Bild entspricht in seinem Informationsgehalt dem eines Sekundärelektronendetektors bei verringerter Auflösung. Als Nebeneffekt werden die positiv geladenen Ionen des Kammergases zur negativ geladenen Probe gezogen und neutralisieren so etwaige Probenaufladung. Da der Detektor auf Photonen des sichtbaren Lichts gleich welchen Ursprungs reagiert, kann er auch zur Beobachtung von kathodolumineszenten Proben bei vollständig evakuierter Probenkammer verwendet werden.

Die Verwendung des STEM-Detektors (englisch: Scanning Transmission Electron Microscopy, Rasternde Transmissionselektronenmikroskopie) ändert die Funktionsweise des REMs: der Detektor befindet sich nun nicht mehr auf derselben Seite der Probe wie der Primärstrahl, sondern darunter und detektiert die transmittierten Elektronen. Das bedingt die Verwendung von dünnen (< 100 nm), durchstrahlbaren Proben wie beim TEM. Diese Methode erhöht die Auflösung des REMs, da bei gleich bleibender Fokusgröße das Wechselwirkungsvolumen abnimmt (Abbildung 11).

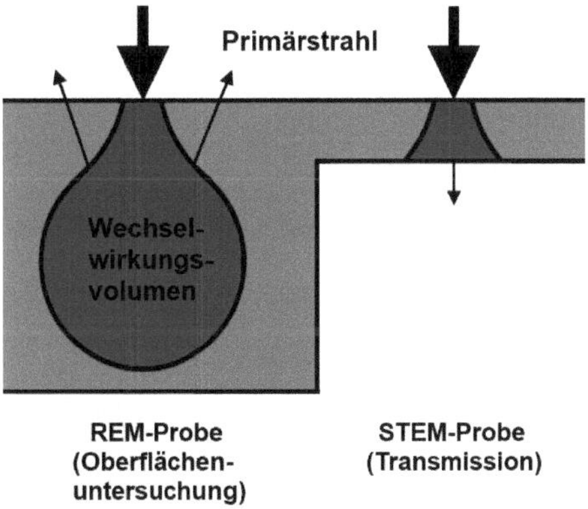

Abbildung 11: Skizze zum verringerten Wechselwirkungsvolumen bei Untersuchung dünner Proben in Transmission.

Da die Detektion der Röntgenstrahlung normalerweise nicht zur Bildgebung, sondern zur Substanzcharakterisierung verwendet wird, wird sie im nächsten Kapitel besprochen. Von der Probe emittierte Auger-Elektronen und die Probenstromstärke wurden im Rahmen dieser Arbeit nicht analysiert, deshalb wird hier nicht näher auf sie eingegangen.

REM-Untersuchungen im Rahmen dieser Arbeit wurden an einem Supra™ 40VP mit Feldemissions-Kathode der Firma Zeiss, Oberkochen durchgeführt. Als Detektoren dienten ein Everhart-Thornley-Detektor und ein InLens-Detektor als SE2-Detektoren, ein Dioden-BSE-Detektor, ein Dioden-STEM-Detektor sowie ein ESEM-Detektor der Bauart Zeiss. Zur Auswertung der Bilder wurde die "Scandium“-Software der Firma Olympus Soft Imaging Solutions GmbH, Münster verwendet. [27-31]

3.2.2 Energiedispersive Röntgenspektroskopie (EDX)

Die bei der Interaktion des Primärelektronenstrahls eines Elektronenmikroskops mit der Probe auftretende Röntgenstrahlung (Abbildung 9) kann zur Analyse der Atomzusammensetzung der Probe verwendet werden. Der dazu verwendete Detektor wird üblicherweise nach dem englischen Begriff für das Verfahren EDX-Detektor (englisch: Energy Dispersive X-Ray Spectroscopy) genannt. Selten wird Energiedispersive Röntgenspektroskopie auch in einem Stand-alone-Gerät außerhalb eines Elektronenmikroskops betrieben.

Beim Auftreffen der beschleunigten Elektronen des Primärstrahls auf die Probe entstehen zwei Arten von Röntgenstrahlung. Durch das Abbremsen der beschleunigten Elektronen durch das Feld der Rumpfelektronen wird die so genannte Bremsstrahlung emittiert, dabei handelt es sich um Röntgenstrahlung verschiedener Wellenlängen. Wird durch ein beschleunigtes Elektron ein kernnahes Rumpfelektron herausgeschlagen, so wird diese Elektronenlücke unter Energieabgabe durch ein Elektron aus einem äußeren Orbital aufgefüllt. Diese Energie wird in Form eines Strahlungsquants frei, der charakteristischen Röntgenstrahlung. Sie hat für jedes Element eine bestimmte, dafür charakteristische Wellenlänge, da die relative energetische Lage der Orbitale und damit auch die Differenz dazwischen von der Ordnungszahl Z abhängt. Für ein Element sind mehrere charakteristische Röntgenlinien möglich, je nach Orbital, aus dem die Elektronenlücke und das auffüllende Elektron stammen. Durch Aufnahme eines Spektrums der entstehenden Röntgenstrahlen sind die Röntgenlinien der Probenelemente über einem breiten Hintergrundsignal der Bremsstrahlung zu erkennen. Durch Integration über einzelne charakteristische Linien unter Subtraktion des abgeschätzten Hintergrunds lässt sich die Konzentration des betreffenden Elements im Wechselwirkungsvolumen abschätzen. Große relative Fehler in der bestimmten Konzentration treten auf, wenn die charakteristische Strahlung der zu bestimmenden Elemente große Unterschiede in ihrer Wellenlänge hat, also harte und weiche charakteristische

Strahlung gleichzeitig bestimmt werden müssen. Da harte Röntgenstrahlung auch noch aus tieferen Schichten der Probe an den Detektor dringt als weiche, ist das Probenvolumen in diesem Fall für die entsprechenden Elemente stark unterschiedlich.

Energiedispersive Röntgenspektroskopie im Rahmen dieser Arbeit wurde an dem im vorigen Kapitel beschriebenen REM, ausgestattet mit einem Sapphire PV7715/89-Si(Li)-Detector von EDAX, Inc., durchgeführt. [28, 29, 32]

3.2.3 Röntgenbeugung an Pulverproben

Röntgenbeugung an kristallinen Substanzen ist eine analytische Standardmethode, um sie zu identifizieren oder ihre Struktur aufzuklären. Man nutzt dabei aus, dass sich die Wellenlänge von Röntgenstrahlung in der Größenordnung der Abstände von Atomen in einem Kristallgitter befindet. Deshalb wirken die Elektronenhüllen der periodisch angeordneten Atome wie ein dreidimensionales Beugungsgitter für die Röntgenstrahlung.

Nur Röntgenstrahlen, die in einem von der Bragg-Gleichung (1) beschriebenen Winkel auf parallele Netzebenenscharen fallen, interferieren nach der Beugung konstruktiv miteinander und führen zu einem Beugungsreflex mit einer messbaren Intensität. Für alle anderen Winkel führt destruktive Interferenz zur Auslöschung der Intensität der gebeugten Strahlen.

(1) $2d_{hkl} \sin \Theta = n\lambda$	mit d_{hkl} = Netzebenenabstand, Θ = Einfallswinkel, λ = Wellenlänge und n = Beugungsordnung (eine ganze Zahl)

In Abbildung 12 ist der Gangunterschied grafisch veranschaulicht. Man verwendet einen Monochromator, der eine Linie der charakteristischen Strahlung des Anodenmetalls der Röntgenröhre selektiert. Mit der Verwendung dieser monochromatischen Strahlung ist die Wellenlänge festgelegt, als einzige

Variable in der Bragg-Gleichung für eine bestimmte Netzebenenschar verbleibt der Netzebenenabstand.

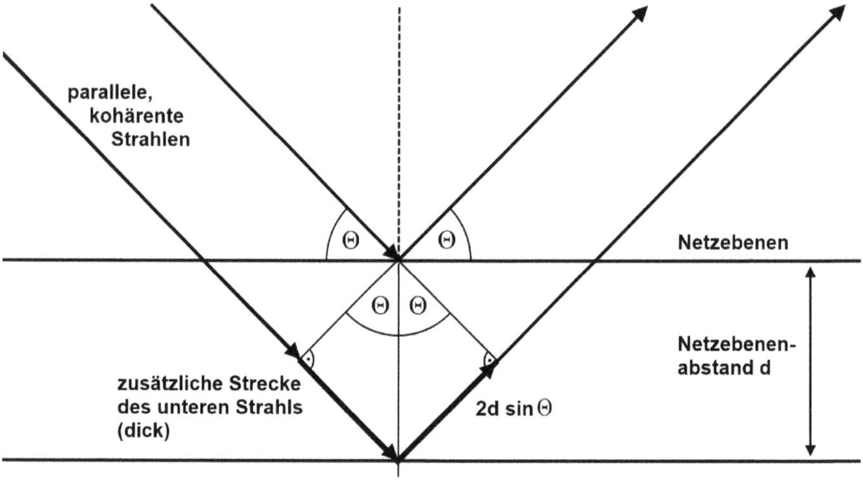

Abbildung 12: Skizze zum Gangunterschied zweier paralleler Röntgenstrahlen.

Da bei einem Pulver die einzelnen Kristallite ungeordnet in der Probe vorliegen, befindet sich statistisch gesehen ein kleiner Teil der Probe immer in Reflexposition für den einfallenden Röntgenstrahl, bezogen auf einen bestimmten Netzebenenabstand. Damit ist der Öffnungswinkel 2Θ zwischen Primärstrahl und gebeugtem Strahl festgelegt, durch die turbostratische Ordnung der Kristallite jedoch nicht der azimutale Winkel, so dass der gebeugte Strahl kegelförmig von der Probe ausgeht. Früher wurde ein photographischer Film verwendet um die Beugungsringe zu detektieren. Heute wird mittels elektronischer Detektoren und Computer die Intensität der gebeugten Strahlung in Abhängigkeit des Winkels 2Θ als so genanntes Diffraktogramm dargestellt (Abbildung 13). Im Gegensatz zur Röntgenbeugung an Einkristallen dient die Röntgenbeugung an Pulverproben meist der Substanzidentifikation und nicht der Kristallstrukturaufklärung. Zur Identifikation einer mikrokristallinen Probe wird ihr Diffraktogramm mit Referenz-Diffraktrogrammen aus einer Datenbank verglichen.

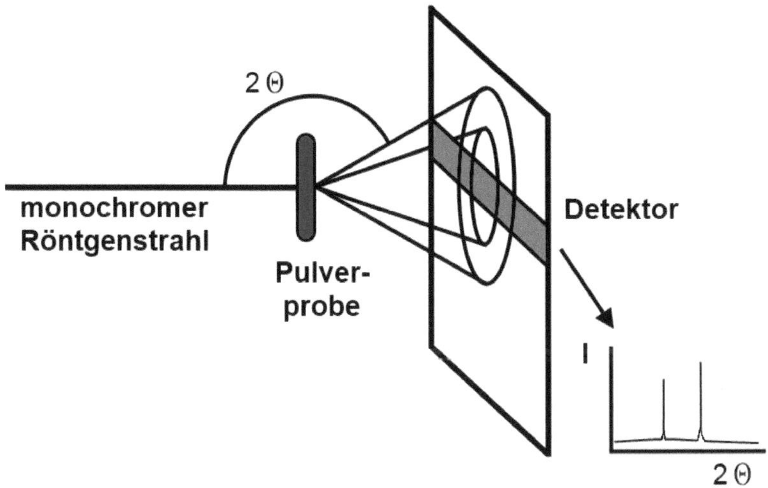

Abbildung 13: Skizze zur Röntgenbeugung an Pulverproben nach der Debye-Scherrer-Geometrie.

Bei der grafischen Herleitung der Bragg-Gleichung geht man von den Netzebenen als klar definierte Ebenen mit eindeutiger Orientierung aus. Für die meisten makroskopischen Kristalle ist diese Annahme gerechtfertigt. Sinken die Dimensionen des Kristallits und damit die Gesamtzahl der Atome in einer Netzebene, so gewinnt die mittlere Auslenkung der Atome aus ihren Gitterpositionen, sei es durch Defekte oder durch thermische Schwingungen an Bedeutung. Dies führt zu einer gewissen Varianz in der Netzebenenorientierung, was sich bei Proben mit entsprechend kleinen Kristalliten in einer Verbreiterung der Reflexe bemerkbar macht.

Aus der Halbhöhenbreite eines Röntgenreflexes (abzüglich der Geräteverbreiterung durch das verwendete Diffraktometer) lässt sich mit der Scherrer-Gleichung (2) die Anzahl der zum Reflex gehörenden Netzebenen und damit die Größe der Kristallite in dieser Dimension berechnen. Somit lässt sich auch aus Pulverdiffraktogrammen eine Größenmessung für Nanopartikel durchführen, solange diese aus einem einzelnen Kristallit bestehen.

$(2)\ L=\frac{K\lambda}{\beta\cos\Theta}$	mit L = Kristallitdicke, β = Halbhöhenbreite des Reflexes, λ = Wellenlänge, Θ = Glanzwinkel und K = Formfaktor (für sphärische Kristallite 0,89)

Für diese Arbeit wurde ein Diffraktometer des Typs STADI-P der Firma STOE&Cie., Darmstadt mit Cu-K_α-Strahlung (Wellenlänge = 154,04 pm) für Pulveraufnahmen verwendet. Als Vergleichsdatenbank diente die ICDD-Datenbank Stand 1993. [33, 34]

3.2.4 Optische Spektroskopie

Die Anregungsenergie vom Grund- in den angeregten Zustand für Valenz- oder Bindungselektronen vieler Verbindungen liegt im Bereich des sichtbaren Lichtes oder der nahen und mittleren UV-Strahlung. Ebenfalls in diesem Bereich befindet sich die Bandlücke zwischen Valenz- und Leitungsband vieler Halbleiter und Isolatoren. Deshalb absorbieren viele Verbindungen diese Strahlung und erscheinen farbig in der dazu gehörigen Komplementärfarbe.

Die Extinktion einer Probe in diesen Wellenlängenbereichen wird mit einem UV/VIS-Spektrometer bestimmt. Sein Aufbau ist in Abbildung 14 skizziert. Es werden zwei verschiedene Strahlungsquellen verwendet, deren Emissionsmaxima bei unterschiedlichen Wellenlängen liegen. Für die kürzeren Wellenlängen (180 bis 360 nm) verwendet man eine Deuterium-Gasentladungslampe, für die längeren Wellenlängen (360 bis 800 nm) eine Quarz-Halogenlampe. Der Lampenwechsel erfolgt elektromagnetisch mit einem Klappspiegel. Die gewünschte Wellenlänge aus dem Lampenspektrum wird mit Hilfe eines optischen Gitters, das als Monochromator wirkt, selektiert. Durch einen Drehspiegel wird der Strahl abwechselnd durch die Probenküvette oder die Referenzküvette in den Detektor geleitet. Durch diese Anordnung lassen sich apparative Fehler wie beispielsweise die schwache Absorption des Küvettenmaterials eliminieren.

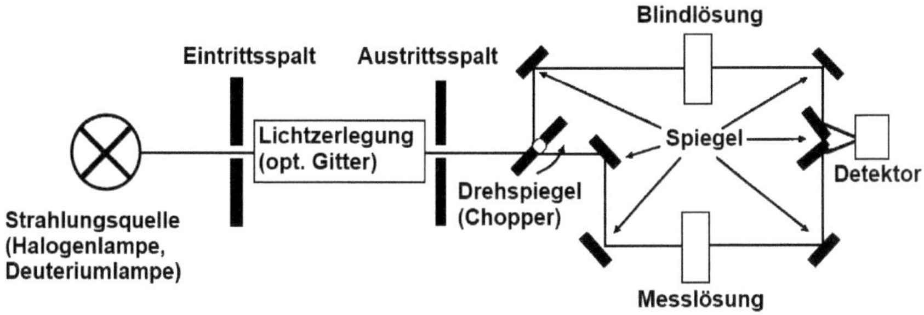

Abbildung 14: Schematischer Aufbau eines UV/VIS-Spektrometers.

Die Probenlösungen für die UV/Vis-spektroskopische Messungen wurden in Quarzglasküvetten in Transmission gemessen, Pulverproben wurde in Reflektion in einer Ulbricht-Kugel mit Bariumsulfat als Weißstandard und zur Verdünnung der Probe gemessen. Im Rahmen dieser Arbeit wurde ein Spektrometer des Typs Cary 100 Scan der Firma Varian, Darmstadt verwendet. [35, 36]

3.2.5 Schwingungsspektroskopie

Molekülschwingungen (bei Gasen auch Rotation) können durch elektromagnetische Strahlung im Infrarot-Bereich angeregt werden. Das Absorptionsvermögen einer Substanz im infraroten Spektralbereich gibt deshalb Auskunft über die möglichen Schwingungszustände der Moleküle und Molekülgruppen. Moderne IR-Spektrometer verwenden polychrome IR-Strahlung, einen Michelson-Interferometer und eine mathematische Auswertung des Signals mittels Fourier-Transformation. In Abbildung 15 ist schematisch der Aufbau eines modernen IR-Spektrometers dargestellt. Als Strahlungsquelle wird meist ein Globar verwendet, ein elektrisch geheizter Stab oder eine Spirale aus Siliciumcarbid, die als Planck'scher Strahler wirkt. Die polychrome IR-Strahlung wird dann im Michelson-Interferometer mit einem halbdurchlässigen Spiegel in zwei Strahlen geteilt. Ein Strahl wird von einem festen Spiegel zurückreflektiert, der andere von einem beweglichen Spiegel. Dadurch oszilliert der Gangunterschied zwischen den beiden Strahlenteilen ständig. Für eine bestimmte Wellenlänge der Strahlung herrscht genau dann konstruktive Interferenz bei der Wiedervereinigung der Strahlenteile, wenn der Gangunterschied einem ganzzahligen Vielfachen der Wellenlänge entspricht. Somit oszilliert die Intensität jeder Wellenlänge mit einer eigenen zeitlichen Periodizität. Die wieder zusammengeführten Teilstrahlen werden durch die Probe geführt und die Intensität im Detektor als Funktion der Zeit registriert. Durch einen Computer wird mit der Fourier-Transformation von der zeitaufgelösten Intensität am Detektor auf die wellenlängenaufgelöste Intensität zurückgerechnet.

Alternativ zu einer durchstrahlten Probe kann auch eine ATR-Einheit (englisch: Attenuated Total Reflexion, Abgeschwächte Totalreflektion) verwendet werden. In diesem Einsatz wird der IR-Strahl an der Oberfläche eines optisch dichten Mediums (Glas, Diamant) zu Luft beziehungsweise der Probe vollständig reflektiert. Hinter dieser Grenzfläche bilden sich noch so genannte evaneszente Wellen mit der ungefähren Reichweite einer Wellenlänge aus. Durch Wechselwirkung mit diesem evaneszenten Feld kann die Probe den IR-Strahl abschwächen. Dadurch, dass für die einzelnen Wellenlängenbereiche das evaneszente Feld unterschiedlich weit in die Probe hineinreicht, ist das relative Probenvolumen im Bereich der längerwelligen Strahlung größer. Mit anderen Worten: Banden im längerwelligen Bereich werden bei Verwendung einer ATR-Einheit überbetont.

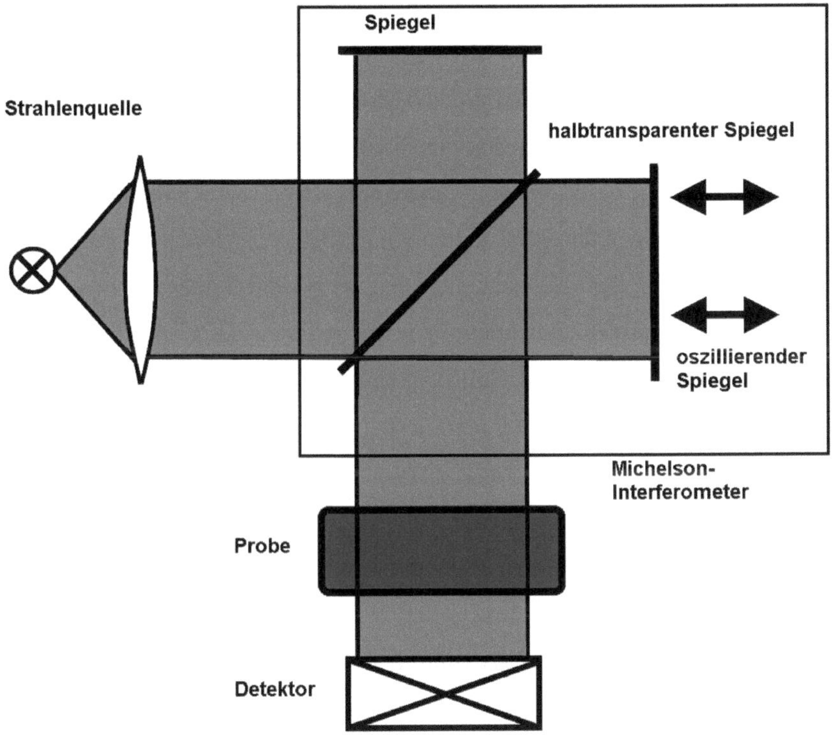

Abbildung 15: Skizze eines Infrarotspektrometers mit Michelson-Interferometer.

Zur praktischen Durchführung von IR-spektrometrischen Untersuchungen wurde 1 mg der Probensubstanz mit 400 mg KBr verrieben und zu einer Tablette gepresst, die dann als Probe im Strahlengang positioniert wurde. Für die ATR-Spektroskopie wurde ein Einsatz mit Diamantkristall benutzt. Im Rahmen dieser Arbeit wurde ein IR-Spektrometer des Typs Vertex 70 der Firma Bruker, Ettlingen verwendet. [36, 37]

3.2.6 Dynamische Lichtstreuung (DLS)

Die dynamische Lichtstreuung (auch als Photonenkorrelationsspektroskopie bezeichnet) ist eine Untersuchungsmethode, um die Partikelgrößen einer Suspension oder Emulsion zu bestimmen. Sie beruht darauf, dass sich unterschiedlich große Partikel durch die Brownsche Molekularbewegung unterschiedlich schnell bewegt werden. Um die Geschwindigkeit dieser Bewegung zu messen, wird die Streuung von Laserlicht an einem bestimmten Ort in der Probe betrachtet. Sind große, sich langsam bewegende Partikel in der Probe, so ändert sich die Intensität der Streustrahlung über eine lange Zeit nur wenig, sie ist lange selbstähnlich. Umgekehrt ist bei einer Probe mit kleinen Partikeln die Intensität der Streustrahlung nur über kurze Zeit selbstähnlich. Der zeitliche Verlauf der Selbstähnlichkeit wird mit einer so genannten Autokorrelationsfunktion bestimmt, bei der ein Ausgabewert von Eins für perfekte Selbstähnlichkeit und Null für keine Selbstähnlichkeit steht. Aus dem Abfall dieser Funktion lässt sich nun die Diffusionsgeschwindigkeit berechnen, die proportional zum Diffusionskoeffizient ist. Und mit diesem ist unter Verwendung der Stokes-Einstein-Beziehung für sphärische Teilchen (3) die Rückrechnung auf den hydrodynamischen Durchmesser des Partikels möglich.

$$(3)\, d = \frac{kT}{3\pi\eta D}$$

mit d = hydrodynamischem Durchmesser,
k = Boltzmann-Konstante, η = Viskosität und
D = Diffusionskoeffizient

Zur praktischen Durchführung einer DLS-Untersuchung wurde eine geeignet verdünnte Suspension aus der Reaktionssuspension durch Verdünnen oder aus getrocknetem Pulver durch Redispergieren mittels Ultraschall hergestellt. Diese Suspension wurde dann in Polystyrol-Einmalküvetten der Firma Sarstedt, Nümbrecht im Thermoblock des Instruments auf die entsprechende Messtemperatur thermostatiert und die DLS-Untersuchung gestartet. Für diese Arbeit wurde ein Nanosizer ZS der Firma Malvern Instruments (Malvern, England) verwendet. [35, 38, 39]

3.2.7 Kernspinresonanzspektroskopie (NMR)

Alle Atomkerne mit ungerader Massen- oder Ordnungszahl (oder beides) besitzen einen Kernspin und damit magnetischen Moment ungleich null. Folglich gibt es zwei oder mehr quantenmechanisch erlaubte Ausrichtungen in einem externen Magnetfeld. Der Abstand der energetischen Niveaus dieser Orientierungsmöglichkeiten steigt mit zunehmender Magnetfeldstärke. Durch die Existenz eines energetisch tiefer liegenden Grundzustands und eines oder mehrerer höheren angeregter Zustände ist beim Übergang zwischen diesen Zuständen Absorption und Emission von elektromagnetischer Strahlung und damit auch Spektroskopie für diese Zustände möglich. Wäre die Lage der Niveaus allein eine Funktion der Atomkernart und des Magnetfelds, wäre die Kernspinresonanzspektroskopie (abgekürzt NMR-Spektroskopie, englisch: Nuclear Magnetic Resonance Spektroscopy) von geringem Nutzen, da sie nur die Anwesenheit von bestimmten Kernen detektieren könnte. Es gibt jedoch noch zwei weitere Faktoren für die Lage der Niveaus: Zum einen die chemische Verschiebung, zum anderen die skalare Kopplung.

Die chemische Verschiebung sorgt für eine Verschiebung des Signals, also der Differenz zwischen dem Grundzustand und den angeregten Niveaus. Das lokale Magnetfeld am Kernort unterscheidet sich vom angelegten externen Magnetfeld, weil Elektronen in Atom- oder Molekülorbitalen um den Kern dieses externe Feld unterschiedlich stark abschirmen. Da die Orbitale je nach Bindungssituation unterschiedlich stark besetzt sein können, ist die chemische Verschiebung ein Maß für die chemische Nachbarschaft des beobachteten Kerns. Sie wird als Differenz der Signallage der beobachteten Signallage zu der Signallage einer Referenzsubstanz (für ^{1}H und ^{13}C: Tetramethylsilan) normiert auf die verwendete Radiowellenlänge in parts per million (ppm) angegeben.

Die skalare Kopplung sorgt für eine Aufspaltung der Niveaus und des Signals in so genannte Multipletts. Der Grund liegt in einer Kopplung des Kernspins des betrachteten Kerns mit weiteren von Null verschiedenen Kernspins der

Nachbarkerne. Die skalare Kopplung lässt sich noch über Distanzen von bis zu vier kovalenten Bindungen beobachten. Aufgrund der Regeln, wann und wie stark eine solche Kopplung eintritt, lassen sich daraus Informationen über die Nachbaratome und damit über die Molekülstruktur gewinnen. Um andere Kopplungsmöglichkeiten außer der skalaren Kopplung entlang von Bindungen auszuschließen, misst man eine Lösung der zu untersuchenden Substanz. Durch die Isotropie in diffusiv durchmischten Lösungen mitteln sich weitere Kopplungen aus. Die skalare Kopplung wird als Multiplizität des aufgespaltenen Signals mit einer Kopplungskonstante für die Stärke der Aufspaltung angegeben.

Ein Nachteil der Kernspinresonanzspektroskopie ist der geringe energetische Unterschied zwischen den Niveaus. Selbst bei starken externen Magnetfeldern von supraleitenden Elektromagneten ist der Energieunterschied so gering, dass die Boltzmannverteilung der Besetzung bei Raumtemperatur noch immer nahezu eine Gleichverteilung liefert. Aufgrund des geringen Niveauunterschieds ist auch die Wellenlänge der zur Spektroskopie verwendeten elektromagnetischen Strahlung relativ zu anderen Techniken lang: es wird im Radiowellenbereich gemessen.

Häufig wird die Methode für organische Moleküle angewendet, um Protonen und ^{13}C-Kerne zu untersuchen. Die Probe wird in deuteriertem Lösemittel gelöst, um wie oben beschrieben weitere Kopplungen auszumitteln und keine weiteren Protonen durch das Lösungsmittel einzubringen. Sie wird in das Magnetfeld eingebracht und ein durchstimmbares Radiosignal durch die Probe gesendet (continuos field-Technik). Alternativ kann bei einem Radiosignal fester Wellenlänge das externe Magnetfeld mittels Hilfsmagnete variiert werden (continuous wave-Technik). Beide Methoden werden heute jedoch aufgrund des schlechten Signal-zu-Rausch-Verhältnisses nicht mehr angewendet. Ähnlich wie bei der IR-Spektroskopie wird die Fourier-Transformation eingesetzt, um

Signale mehrer Wellenlängen gleichzeitig auszuwerten, als Anregung dienen kurze Radiopulssequenzen.
Für diese Arbeit wurde ein Avance 400 der Firma Bruker (Ettlingen) verwendet. Die Proben wurden in deuteriertem Chloroform gelöst. [24, 40]

3.2.8 Thermische Analysemethoden (DTA/TG)

Die Kombination aus Differential-Thermoanalyse mit gleichzeitiger Thermogravimetrie (DTA/TG) ist eine moderne Methode zur thermischen Analyse einer Probe. Für die DTA/TG-Untersuchung wird die Probensubstanz in einem inerten Tiegel gleichzeitig mit einem Referenztiegel aufgeheizt und abgekühlt. Dabei wird an jedem Tiegel mit identischer Leistung geheizt. Aus dem Temperaturunterschied zwischen Proben- und Referenztiegel kann auf endo- und exotherme Prozesse der Probe wie Schmelzen, Verdampfen oder Phasenübergänge geschlossen werden. Gleichzeitig wird die Probe während des Heiz- und Abkühlvorgangs ständig gewogen (Thermogravimetrie), so dass Gewichtsänderungen durch Ausgasen beziehungsweise Zersetzen der Probe in Abhängigkeit von der Temperatur registriert werden.
Für DTA/TG-Untersuchungen wurden etwa 50 mg der gepulverten Probensubstanz in einen Korund-Tiegel eingewogen und zusammen mit dem Referenztiegel auf dem Probenhalter platziert. Die Messung wurde im Stickstoffstrom durchgeführt, um Reaktionen der Probe mit Luftsauerstoff zu verhindern. Die DTA/TG-Untersuchungen für diese Arbeit wurden an einem Gerät vom Typ STA 409 C der Firma Netzsch, Selb durchgeführt. [41]

3.2.9 Oberflächenbestimmung durch Gassorption

Der Bestimmung der spezifischen Oberfläche von porösen Materialien und damit auch nanopartikularen Pulvern dient die BET-Gasadsorptionsmethode. Sie ist nach Brunauer, Emmett und Teller benannt, die als erste eine praktisch nutzbare Isotherme für die Mehrschichtenadsorption von Gasmolekülen beschrieben. Dabei gingen sie von einer homogenen Adsorbensoberfläche mit einer endlichen Anzahl von Adsorptionsplätzen aus und nahmen an, dass sich die adsorbierten Moleküle nicht gegenseitig beeinflussen. Zudem soll jedes adsorbierte Molekül einen weiteren Platz in der nächsten Adsorbatschicht zur Verfügung stellen, es bilden sich also Türme aus Molekülen. Die Adsorptionsenthalpie für die zweiten und höheren Schichten soll der Kondensationsenthalpie entsprechen.

Dieses Modell beschreibt die Realität für niedrige Drücke und Temperaturen gut genug, um damit und mit der Kenntnis, wie viel Platz ein adsorbiertes Molekül auf der Oberfläche einnimmt, aus einer gemessenen Isotherme die spezifische Oberfläche einer Probe zu bestimmen. Dazu wird eine sorgfältig getrocknete Pulverprobe in ein Glasröhrchen gefüllt, ausgewogen und anschließend unter Kühlung mit flüssigem Stickstoff (77 K) durch Änderung des Drucks die Isotherme für ein bestimmtes Messgas, meist Stickstoff, aufgenommen. Daraus wird dann die spezifische Oberfläche, bezogen auf die Probenmasse, rückgerechnet.

Für BET-Messungen im Rahmen dieser Arbeit wurde ein Belsorp Mini II (BEL Inc., Osaka, Japan) mit N_2 als Adsorbat verwendet. [24, 42, 43]

3.2.10 Charakterisierung von Solarzellen

Die Eigenschaften einer Solarzelle als Spannungsquelle werden durch ihre Strom-Spannungs-Kennlinie unter Bestrahlung charakterisiert. Die Beleuchtung erfolgt üblicherweise mit einer standardisierten Lichtquelle um Vergleichbarkeit mit anderen Solarzellen zu gewährleisten. Für Solarzellen, die auf der Erde eingesetzt werden sollen, wird eine spektrale Verteilung der Intensität gemäß des AM1.5-Global-Standards verwendet (englisch: Air Mass 1.5; anderthalbfache atmosphärische Masse, Abbildung 16 [44-46]), was dem Sonnenspektrum nach schräger Durchquerung der Erdatmosphäre unter einem Winkel von 48,2° entspricht. Es hat eine Gesamtbestrahlungsstärke von

1000 W/m^2 und entspricht grob der tatsächlichen Sonneneinstrahlung für mittlere Breiten im Sommer (bei Sonnenhöchststand, senkrechter Einstrahlung, klarem Himmel, geringe Staubbelastung). Zusätzlich sind im Standard die Verhältnisse von Direktstrahlung zu Diffusstrahlung festgeschrieben. Im Labor wird es durch einen Solarsimulator genannten Aufbau unter Verwendung von Lampen mit kontinuierlichem Spektrum und von Filtern erzeugt. Um die standardisierten Testbedingungen (englisch: Standard Test Conditions, STC) zu erreichen, wird die Zelle zusätzlich auf 25 °C thermostatiert. Neben der Strom-Spannungskennlinie unter der standartisierten Beleuchtung wird zusätzlich eine Kennlinie ohne Beleuchtung der Zelle aufgenommen (Dunkelkurve) um weitere Prozesse, die zu einer Spannung erzeugen/hervorrufen können, auszuschließen. Dies können beispielsweise irreversible Redoxvorgänge, also Vorgänge entsprechend denen in einer Batterie, sein.

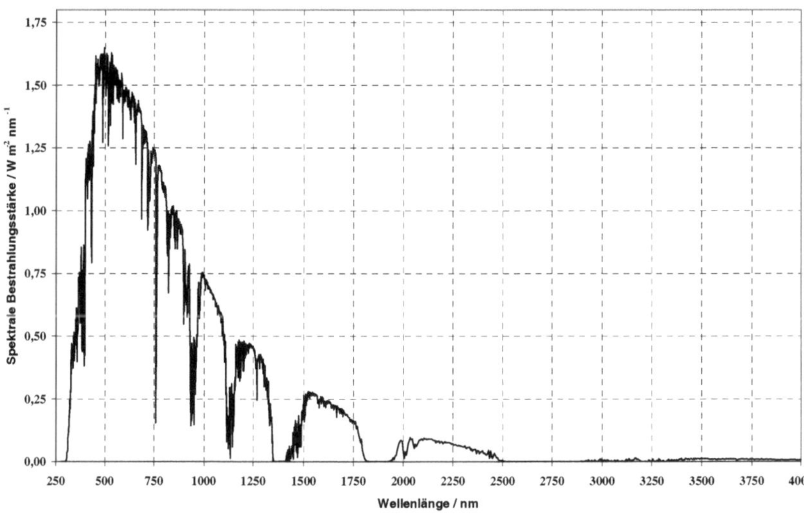

Abbildung 16: Sonnenspektrum nach Durchquerung von 1,5 Luftmassen (AM1.5-Spektrum) [45].

Eine ideale Solarzelle hat eine Rechteckfunktion als Strom-Spannungs-Kennlinie: sie liefert die volle Kurzschluss-Stromstärke bis hin zur Leerlaufspannung. Reale Solarzellen zeigen einen Einbruch der Stromstärke mit steigender Entnahmespannung. Deshalb existiert ein Punkt auf der Kennlinie, an dem das Produkt von Stromstärke und Spannung maximal ist, der Punkt der maximalen Leistung. Als dimensionsloser Füllfaktor wird der Quotient aus dieser maximalen Leistung und der Leistung einer idealen Solarzelle mit denselben Werten für die Kurzschlussstromstärke und der Leerlaufspannung angegeben. Solaranlagen werden durch ein Regelgerät möglichst nahe an dem Punkt der maximalen Leistung betrieben.

Die photovoltaische Konversionseffizienz für Solarzellen erhält man, wenn man den Quotienten aus der Leistung an diesem Punkt und der eingestrahlten Leistung auf der Zellenfläche bildet.

Eine weitere wichtige Charakterisierung für Solarzellen ist die Quanteneffizienz, der Quotient aus der Anzahl der eingestrahlten Photonen einer Wellenlänge und der generierten Ladungsträgern. Sie ist also Eins, wenn alle entsprechenden Photonen in verwendbare Elektron/Lochpaare umgewandelt wurden. Für Solarzellen wird meist die externe Quanteneffizienz verwendet, auch mit IPCE (englisch: Incident-Photon-to-electron Conversion Efficiency) bezeichnet. Sie unterscheidet sich von der internen Quanteneffizienz dadurch, dass bei ersterer alle die Zelle treffenden Photonen betrachtet werden, und bei letzterer nur Photonen, die auch von der Zelle absorbiert werden. Der Wert der externen Quanteneffizienz wird also durch Reflektion an der Zelle verschlechtert.

Strom-Spannungs-Kennlinien in dieser Arbeit wurden in der Arbeitgruppe Kalt, Institut für Angewandte Physik, KIT, unter Verwendung eines Solarsimulators mit einer 150 W-Xenonlampe kombiniert mit einem AM1.5G Spektralfilter (Oriel, Model LS0106) aufgenommen.

Halbquantitative ICPE-Kurven wurden mithilfe des Anregungsteils eines Fluoreszenzspektrometers Typ "Fluorolog®-3 Model F3-22" der Firma Horiba

Jobin Yvon, Edison, USA, aufgenommen. Als Lichtquelle wurde eine 450 W-Xenonlampe hinter einem Monochromator mit 12 nm spektraler Spaltweite verwendet. Als Signal dienten die Leerlaufspannung und die Kurzschluss-Stromstärke der Zelle. [47]

3.2.11 Größenausschluss-Chromatographie

Die Größenausschluss-Chromatographie (englisch: Size Exclusion Chromatography SEC) ist ein Trennverfahren für Polymere nach ihrem hydrodynamischen Volumen. Dabei wird eine Lösung der Polymere in einem geeigneten Lösemittel als mobile Phase über eine Trennsäule geführt, die mit einem porösen Material als stationäre Phase gefüllt ist. Das Säulenmaterial liegt in Form eines Granulates vor und besitzt eine graduelle Porengrößenverteilung in der Größenordnung der zu untersuchenden Polymere. Polymere mit großem hydrodynamischen Volumen, die nicht in die Poren hineinpassen und somit wenig mit dem Säulenmaterial interagieren, werden demnach schnell um das Granulat herumgespült. Kleinere Polymere hingegen dringen ins Innere der Granulatkörnchen und diffundieren anschließend wieder aus den Poren, was die Retentionszeit für sie erhöht. Entgegen der Intuition passieren kleine Polymere aufgrund der häufigen Poren-Wechselwirkung also langsamer die Trennsäule als größere Polymere.

Wird die SEC als analytisches Verfahren verwendet, so müssen die aufgetrennten Polymere nach dem Verlassen der Säule durch einen Detektor registriert werden. Üblicherweise werden Brechungsindex-Detektoren verwendet, die die Konzentration von Wiederholungseinheiten der Polymereketten im Eluenten bestimmen. Um daraus die Kettenlänge des Polymers zu erhalten, wird die Retentionszeit aufgezeichnet und mit Referenzwerten für Polymere bekannter Molmasse verglichen.

In dieser Arbeit wurde die Größenausschluss-Chromatographie in der Arbeitsgruppe Wilhelm, Institut für Technische Chemie und Polymerchemie,

KIT, an einer Apparatur bestehend aus einer Agilent 1100 Pumpe, zwei PSS SDV Lux 8×300 mm Säulen (10^3 and 10^5 Å Porengröße) und einem Agilent 1200 Differential-Brechungsindexdetektor sowie einem UV-Detektor durchgeführt. Die Polymere wurden in THF bei 25 °C und bei einer Flussrate von 1 mL/min analysiert. [48]

3.3 Verwendete Materialien

Tabelle 1: Herkunft und Reinheit der verwendeten Chemikalien

Name	Summenformel	Lieferant	Reinheit
2-Propanol	C_3H_8O	Seulberger	technisch
Antimon(III)chlorid	$SbCl_3$	Merck	z.S.
Arsen(III)oxid	As_2O_3	Sigma-Aldrich	p.a.
Bismut(III)chlorid	$BiCl_3$	Merck	≥ 98 %
Bismut(III)nitrat Pentahydrat	$Bi(NO_3)_3 \cdot 5\ H_2O$	Merck	p.A.
Blei(II)chlorid	$PbCl_2$	Merck	z.S.
Citronensäure	$C_6H_8O_7$	Sigma-Aldrich	99 %
Coumarin 343	$C_{16}H_{15}NO_4$	Sigma-Aldrich	97 %
Dichlormethan	CH_2Cl_2	Seulberger	technisch
Diethylenglykol	$C_4H_{10}O_3$	Acros	99 %
Eosin Y	$C_{20}H_6Br_4Na_2O_5$	Sigma-Aldrich	99 %
Essigsäure	$C_2H_4O_2$	Fluka	99,8 %
Ethanol	C_2H_6O	Seulberger	technisch
Hydrazinhydrat	$N_2H_4 \cdot H_2O$	Sigma-Aldrich	technisch
Iod	I_2	Aldrich	99,99 %
Kaliumiodid	KI	Fluka	p.A.
Natriumacetat	$C_2H_4O_2Na$	Riedel de Häen	p.A.
Oleylamin	$C_{18}H_{37}N$	Fluka	technisch
PVP, M_w = 55 kD		Aldrich	
Salzsäure (37 %)		Seulberger	technisch
Selen(IV)oxid	SeO_2	Merck	z.S.
Tellur(IV)oxid	TeO_2	Merck	≥ 99,5 %
Thioessigsäure	C_2H_4OS	Aldrich	≥ 99 %
Toluol	C_7H_8	Seulberger	technisch

4. Ergebnisse und Diskussion

4.1 Synthese von Hauptgruppenmetall-Nanopartikeln

4.1.1 Aktueller Stand der Forschung

Die am weitesten verbreitete Anwendung der photochemischen Keimbildung ist die klassische Photographie basierend auf Silberhalogeniden. Da Silber in den verwendeten Halogensalzen einwertig vorliegt, genügt schon die homolytische Spaltung einer Bindung zur Reduktion zum Metall. Dieser Bindungsbruch findet photochemisch beim Belichten des Films statt, die entstehenden Silberkeime bilden das so genannte latente Bild. In der Entwicklerlösung findet anschließend ein Keimwachstum der Silberpartikel statt, um aus dem unsichtbaren latenten Bild ein für das menschliche Auge sichtbares zu machen. Schließlich folgt noch das Fixieren, das Herauslösen der unbelichteten Silberhalogenidsalze, welches ein Nachdunkeln im Licht verhindert [23, 49].

Auch präparativ wird die photochemische Keimbildung genutzt. Prinzipiell lassen sich photolytische Synthesewege zu Nanopartikel in zwei Kategorien einteilen: zum einen Methoden, bei denen ein Farbstoff oder Sensibilisator photochemisch aktiviert wird und dann *in situ* mit den Edukten zum Produkt reagiert; zum anderen Methoden, bei denen Edukte und photochemisch aktive Moleküle identisch sind.

Zur ersten Gruppe gehört eine von King'ondu *et al.* publizierte Synthese, bei der Peroxodisulfat-Ionen als Sensibilisator für UV-Licht eingesetzt werden [50]. Aus der Photoreaktion freigesetzte Sulfatradikale dienen als Oxidationsmittel für Metalle. So werden amorphe Partikel bestehend aus MnO_2, CoOOH oder CeO_2 präzipitiert, die sich durch lokale Ostwald-Reifung in Hohlkugeln aus kristallinem Material umwandeln.

Für Metallpartikel präsentierten Scaiano *et al.* eine Methode, die auf einem modifizierten Keton als Sensibilisator für UV-Licht basiert [51, 52]. Über eine Norrish-Typ-I-Reaktion [53] wird das Keton zu Ketyl- und α-Aminoalkyl-

Radikalen gespalten, die als Reduktionsmittel für die als Edukte verwendeten Metallsalze dienen. Gold- und Kupfernanopartikel werden auf diese Art ohne Verwendung von Oberflächenstabilisatoren mit enger Größenverteilung erhalten. Ein einfacheres Keton, nämlich Aceton, verwenden Zhu *et al.* als Sensibilisator für eine ähnliche Synthesemethode. Mit den photochemisch generierten Radikalen reduzieren sie Gold(III)chlorid zu Goldplättchen mit einer Dicke von 60 nm [54].

Eine Zwischenstufe zwischen Methoden mit und ohne zusätzliche Sensibilisator präsentieren Wen *et al.*: Diese reduzieren Gold-Thiolate direkt durch Lichteinstrahlung, können den Prozess aber durch Verwendung eines zusätzlichen Sensibilisators beschleunigen [55]. Ihre Arbeiten beruhen auf denen von Warren *et al.*, welche die Verwendung von Metall-Thiolaten direkt als Edukt für eine photochemische Reduktion ohne zusätzlichen Farbstoff erstmals publizierten [56]. Sie zeigen, dass die Metall-Thiolate eine *Ligand-To-Metal-Charge-Transfer*-Anregung (LMCT-Anregung) aufweisen, bei der ein Elektron vom Liganden zum Zentralatom ("Metall") übertragen wird. Unter Ausnutzung dieser Anregung können sie Bismut-, Kupfer-, Blei- und Antimonionen zu den entsprechenden Nanopartikeln reduzieren.

Ebenfalls ohne Sensibilisatoren gelingt Soulantica *et al.* die Herstellung von 3D-Superkristallen aus Zinn durch photochemisch induzierte Fällung aus metallorganischen Precursoren. Je nach Reaktionsbedingung können Superkristalle aus Partikeln mit einheitlicher Morphologie sowie mit zwei verschiedenen Morphologien abgeschieden werden [57].

Mit deutlich energiereicherer Strahlung (Röntgenstrahlen beziehungsweise beschleunigte Elektronen aus einem Linearbeschleuniger) gelingt Benoit *et al.* die direkte Reduktion von Bi^{3+} zu metallischen Bismutnanopartikeln in wässriger Lösung [58, 59]. Für größere Synthesemengen ist diese Methode wegen der aufwendigen Bestrahlungsmethode allerdings nicht geeignet.

Die homolytische Spaltung von Halogen-Haupgruppenelementbindungen ist in der Literatur seit langem bekannt, allerdings wurde sie seither nicht zur Partikelsynthese verwendet. Oldenburg *et al.* konnten für die Iodide von Zinn, Blei, Antimon und Bismut [60] und für Benzolkomplexe von Bismutchlorid [61] Absorptionsspektren im Bereich des sichtbaren und UV-Lichts aufnehmen und die Absorption einem LMCT-Übergang zuordnen sowie daraus resultierende Reaktionsprodukte charakterisieren.

Ferner wird die photochemische Spaltung der Halogen-Metall-Bindung in der Hauptgruppenchemie gerne als Einstieg in die Radikalchemie verwendet. Üblicherweise sind die Hauptgruppenelemente zusätzlich zum Halogen mit sperrige organischen Liganden versehen, um nach photochemischer Abspaltung des Halogens zu stabilen oder persistenten Radikalen zu gelangen [62, 63]. Gynane *et al.* zeigen dies beispielsweise für Elemente der vierten [64, 65] und fünften Hauptgruppe [66]. Dort wird auch von der Bildung eines Metallspiegels berichtet, wenn die abschirmende oder elektronisch stabilisierende Kraft der Liganden nicht ausreicht, um eine Disproportionierung der Radikale in Ionen stabiler Oxidationsstufen und dem elementaren Metall zu verhindern.

Zufällig stießen Henle *et al.* bei Versuchen mit Bismuttriiodid in Gegenwart eines Radikalstarters auf einen photochemischen Syntheseweg für Bismutpartikel [67]. Ebenso zufällig beobachteten wir die Entstehung von Bismutnanopartikel aus Bismut(III)chlorid in Diethylenglykol (DEG) durch zufällige Sonnenbestrahlung [68, 69].

4.1.2 Photochemische Synthese von Hauptgruppenelement-Partikeln

Um die Entstehung von Bismutpartikeln aus Bismut(III)chlorid unter kontrollierbaren Bedingungen und ohne den stabilisierenden Einfluss von DEG zu studieren, wurden Experimente in dem in Kapitel 3.1.2 vorgestellten Photoreaktor und in wässriger Lösung durchgeführt. 1 mmol (315,14 mg) $BiCl_3$ wurde in 100 mL konzentrierter Salzsäure (~37 %) gelöst, mit 100 mL 2-

Propanol als Radikalfänger gemischt und die Lösung unter Schutzgas in den UV-Reaktor gegeben. Nach 20 min Bestrahlung hat sich aus der klaren farblosen Lösung eine schwarze Suspension gebildet, in der sich innerhalb weniger Minuten ein Niederschlag bildet. Dies entspricht der Erwartung für eine Suspension, die weder sterisch (keine voluminösen Stabilisatoren oder Tenside) noch elektrostatisch (wegen der hohen Ionenstärke der verwendeten Salzsäure) stabilisiert ist. Umso interessanter sind die Ergebnisse der REM- und DLS-Untersuchungen des schwarzen Niederschlags. Diese zeigen unregelmäßig geformte Partikel mit einem hydrodynamischen Durchmesser von 110 nm (Abbildung 17 und Abbildung 18).

Abbildung 17: REM-Aufnahmen von unstabilisierten Bismutpartikeln (oben) und STEM-Aufnahmen von PVP-stabilisierten Bismutpartikeln (unten).

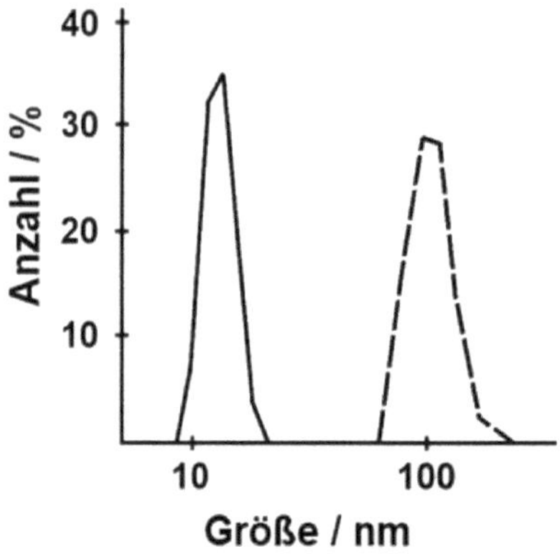

Abbildung 18: DLS-Untersuchung der DEG-Suspensionen der unstabilisierten Bismutpartikel (gestrichelt) und der PVP-stabilisierten Bismutpartikel (durchgezogen).

Für eine Synthese in wässrigem Medium ohne weitere Wachstumskontolle, außer dem Konzept von getrennter Keimbildung und getrenntem Keimwachstum, zeigen die Partikel eine vergleichsweise einheitliche Größenverteilung. Die Partikel liegen direkt nach der Synthese kristallin vor (Abbildung 19).

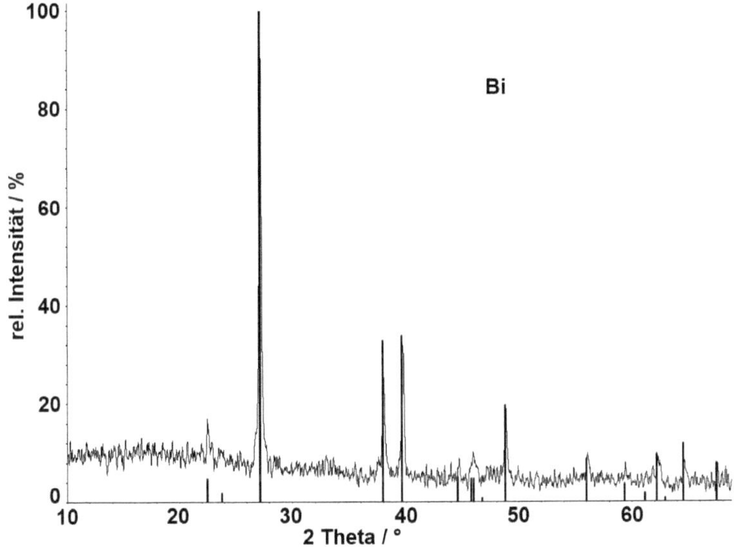

Abbildung 19: Pulverdiffraktogramm von Bismutpartikeln ohne Stabilisator.

Zur Untersuchung der Wirksamkeit von Oberflächenstabilisatoren bezüglich der Größe und Größenverteilung der Partikel wurden in einem weiteren Ansatz vor der Belichtung 50 mg Polyvinylpyrrolidon (PVP, M_w = 55 kDa, Abbildung 20) zugegeben. Dieses Polymer ist bekannt für seine Affinität zu (partiell oxidierten) Metalloberflächen und für die Hemmung des Kristallwachstums [70, 71] durch Koordination über die enthaltenen Lactamgruppen. Diese Eigenschaften dürften unter den stark sauren Reaktionsbedingungen noch verstärkt werden, da der Lactamring zumindest partiell zur Aminosäure hydrolysiert vorliegt und damit noch stärker koordinieren wird [72].

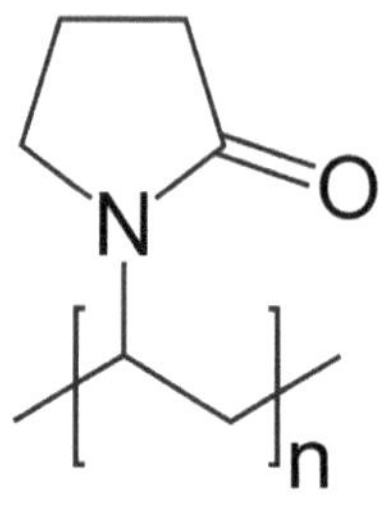

Abbildung 20: Strukturformel von Polyvinylpyrrolidon (PVP).

Die nach der Belichtung erhaltene schwarze Suspension neigt nun nicht mehr zum Ausflocken. Zum Abtrennen der Partikel muss mit 25.000 U/min über 15 min zentrifugiert werden. Damit zeigt sich schon der Einfluss des sterisch stabilisierenden Polymers. Deutlicher wird der Einfluss bei Betrachtung der DLS-Untersuchung: Der hydrodynamische Durchmesser ist auf 14 nm gefallen, die Größenverteilung ist deutlich enger geworden (Abbildung 18). In den STEM-Aufnahmen sind Partikelgruppen mit einem Durchmesser von bis zu 80 nm zu sehen, welche aus kleineren Partikeln mit einem Durchmesser von ungefähr 4 nm aufgebaut sind. Die Größe der Partikelgruppen stimmt gut mit dem Gyrationsdurchmesser des verwendeten Polymers von 95 nm überein [73], was Grund zu der Annahme bietet, dass mehrere kleine Bismutpartikel an einen Strang PVP gebunden sind. Im Lösemittel können sie sich nahezu unabhängig bewegen, wie die DLS-Analyse zeigt. Beim Verdampfen des Lösemittels lagern die Primärpartikel sich in den beobachteten Gruppen zusammen.

Die feinere Verteilung mit der damit einhergehenden größeren Oberfläche lässt sich auch anhand des Verhaltens gegen Luft beobachten. Die Suspension der 110 nm großen Bismut-Partikel ohne Stabilisator oxidiert bei Luftkontakt langsam über Stunden zu einer klaren Lösung der Ausgangsprodukte, während die Suspension der 4 nm großen Bismut-Partikel, stabilisiert mit PVP, innerhalb einer Minute oxidiert. Offensichtlich ist die koordinative Bindung von PVP nicht stark genug, um die Partikel von Luftsauerstoff abzuschirmen, wie es Kind *et al.* für Indiumpartikel geschützt mit Citronensäure beobachtet haben [74]. In

Form von getrocknetem kompaktem Pulver sind beide Sorten von Bismut-Partikeln jedoch für mehrere Tage stabil gegen Oxidation durch Luftsauerstoff.

Oldenburg *et al.* zeigten die photochemische Aktivität der Halogenide von Zinn, Blei, Bismut und Antimon auf [61]; und Gynane *et al.* gelang dies für die Halogenide von Phosphor und Arsen [66]. Um zu untersuchen, ob mit der homolytischen, photochemischen Spaltung der Hauptgruppenelemen-Halogenid-Bindung diese Elemente und weitere in Form von Partikeln dargestellt werden können, wurden entsprechende Lösungen im UV-Reaktor belichtet.

Dazu wurden 1 mmol des Elementhalogenids ($SnCl_2$: 189,6 mg, $PbCl_2$: 278,1 mg, PCl3: 137,3 mg, $SbCl_3$: 228,1 mg) in 100 mL konzentrierter Salzsäure (~37 %) gelöst. Alternativ wurde die entsprechende Stoffmenge des Oxids, welches sich als Chlorid in Salzsäure löst, eingesetzt (As_2O_3: 0,5 mmol, 98,5 mg; SeO_2: 1 mmol, 111,0 mg, TeO_2: 1 mmol, 159,6 mg). Die Lösung wurde mit 100 mL 2-Propanol als Radikalfänger gemischt und unter Schutzgas im UV-Reaktor für 2 h belichtet.

So konnten Partikel aus elementarem Blei, Arsen, Antimon, Selen und Tellur hergestellt werden. Schon ohne Stabilisator werden meso- und nanoskalige Durchmesser erreicht (Pb, As, Sb, Te in Abbildung 21 und Abbildung 22; Se in Abbildung 27 und Abbildung 28). Elemente mit größtenteils metallischem Charakter wie Blei und Tellur werden kristallin erhalten (Abbildung 23Abbildung 22), Arsen, Antimon und Selen amorph. Die ungerichtete metallische Bindung ermöglicht eine leichtere Verschiebung eines Atoms von einem Defektplatz auf den korrekten Gitterplatz. Bei einer kovalent gerichteten Bindung muss für diesen Vorgang die Bindung gebrochen und neu gebildet werden, was eine höhere Aktivierungsenergie für solche Ausheilungsvorgänge zufolge hat und deshalb erklärt, warum nichtmetallische Elemente eher amorph ausfallen. Durch Erhitzen der Suspension aus rotem amorphem Selen auf 60 °C für 10 min konnte eine Umwandlung in schwarzes kristallines Selen erreicht werden, was über den Farbumschlag gut zu beobachten war und durch ein Pulverdiffraktogramm bestätigt wurde (Abbildung 24). Die Partikelgröße änderte sich während der Temperaturbehandlung nicht.

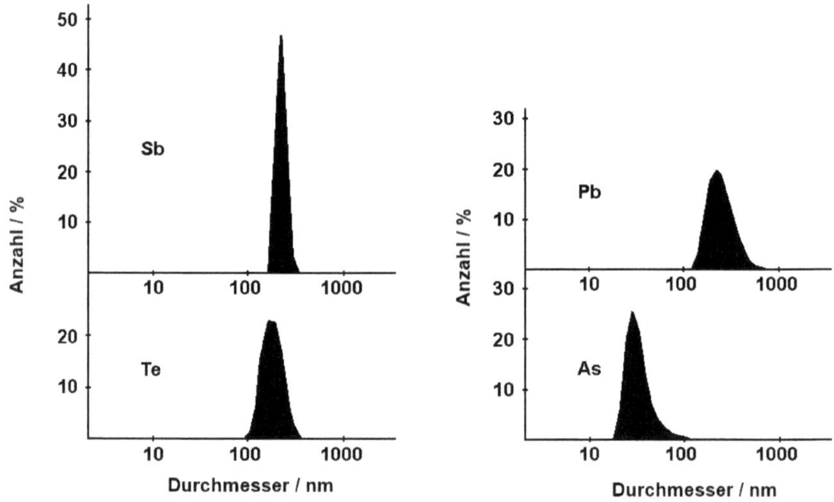

Abbildung 21: DLS-Analyse der DEG-Suspensionen von unstabilisierten Elementpartikeln von Antimon, Blei, Tellur und Arsen.

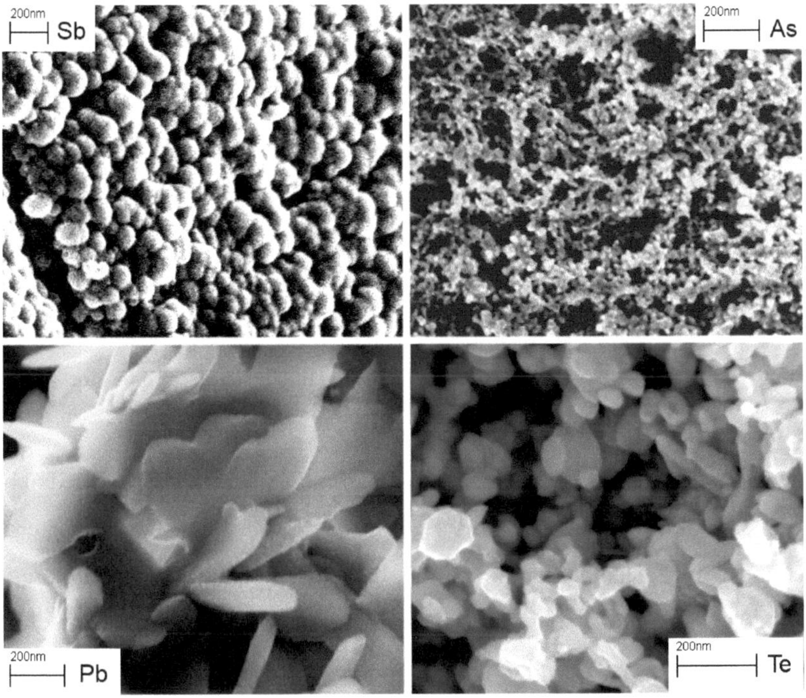

Abbildung 22: REM-Aufnahmen der unstabilisierten Elementpartikel von Antimon, Arsen, Blei und Tellur.

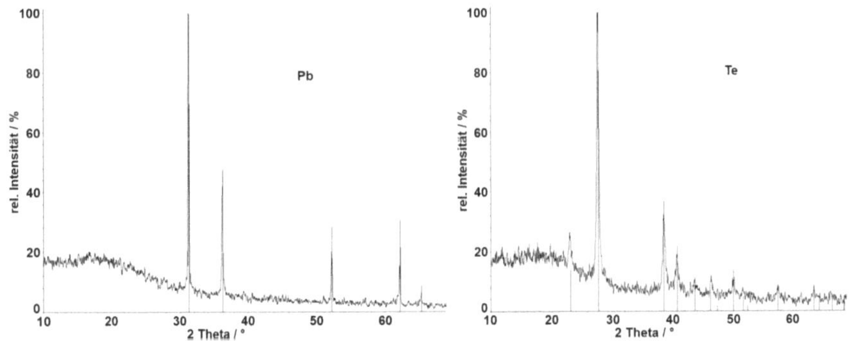

Abbildung 23: Pulverdiffraktogramme von Blei- und Tellurpartikeln ohne Stabilisator.

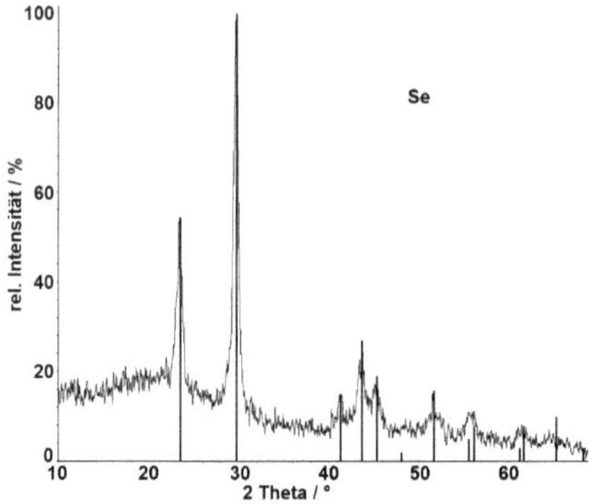

Abbildung 24: Pulverdiffraktogramm von Selenpartikeln ohne Stabilisator nach Erhitzen auf 60 °C.

Auch in Zinn- und Phosphorhalogeniden lässt sich die kovalente Bindung durch UV-Licht homolytisch spalten [64, 75], prinzipiell wäre die photochemische Darstellung von Elementpartikeln also möglich. Jedoch reagiert selbst PCl_3 als stabilstes Phosphorhalogenid in konzentrierter Salzsäure noch sofort mit dem Wasser der Salzsäure zu Phosphonsäure und Chlorwasserstoff.

Zinn(II)chlorid dagegen löst sich unzersetzt in Salzsäure und 2-Propanol. Eine 60 min dauernde Bestrahlung mit UV-Licht führt zu einer gelben Färbung der vorher farblosen Lösung, was auf eine Bildung von metallischen Zinnpartikeln oder Zinnclustern hindeuten kann. Diese Färbung verschwindet allerdings auch unter Schutzgas innerhalb weniger Minuten nach Ende der Belichtung wieder. Aufgrund des negativen Normalpotentials von Zinn (ε_0(sauer) = -0,138 V) [76]) erwartet man die elektrochemische Auflösung des Elements in wässriger Lösung unter Wasserspaltung. Die Elemente, die erfolgreich in salzsaurer Lösung abgeschieden wurden, zeigen wie Bismut (ε_0 = +0,308 V) [76]) positive Normalpotentiale und sind damit definitionsgemäß stabil gegenüber Wasser. Oder sie besitzen wie Blei (ε_0 = -0,126 V) [76]) zumindest geringer negative Normalpotentiale verglichen mit Zinn, was offensichtlich ausreicht, um elektrochemische Stabilität in der Lösung aus Wasser und 2-Propanol zu erreichen.

Für Phosphor und Zinn scheint also eine Darstellung mittels photochemischer Reaktion aus den Halogeniden unter geeigneten Bedingungen möglich. Dafür müsste aber Salzsäure als Lösungsmittel und der Radikalfänger 2-Propanol gegen geeignete Ersatzstoffe ausgetauscht werden. Diese dürfen keine OH-Gruppen enthalten und müssen ein Redoxfenster außerhalb der Redoxpotentiale der entstehenden Elemente aufweisen. Möglich wäre ein Ether als Lösungsmittel und primäre oder sekundäre Amine als Radikalfänger. Da die verwendete Apparatur nicht gasdicht schließt und Luftausschluss nur durch das durchgeblasene Schutzgas erreicht wird, würden bei der Verwendung von Ether brennbare Gasdämpfe ins Lampengehäuse eingeblasen werden. Deshalb wurde auf die weitere Untersuchung dieser Elemente verzichtet.

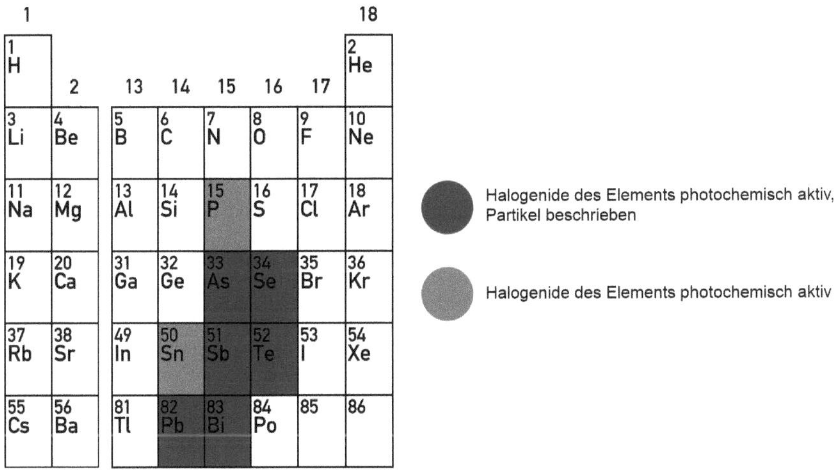

Abbildung 25: Periodensystem der Hauptgruppenelemente mit Hervorhebung der untersuchten Elemente mit photochemisch aktiven Halogeniden.

Stabilisatoren für Metalle binden aufgrund von Lewis-Säure-Base-Wechselwirkungen koordinativ an deren Oberfläche. Nichtmetalle zeigen ein anderes Bindungsverhalten und erfordern deshalb andere Stabilisatoren, die in der Lage sind, kovalente Bindungen zu den Oberflächenatomen auszubilden. Anhand der Synthese von Selen-Partikeln soll beispielhaft die Möglichkeit untersucht werden, das Partikelwachstum auch für nichtmetallische Partikel durch geeignete Stabilisatoren kontrollieren zu können. Ohne weitere Wachstumskontrolle außer separater Keimbildung und separatem Keimwachstum entstehen bei der Synthese von Selen-Partikeln 1,2 µm große kugelförmige Partikel. Als Stabilisator wurde in einem Folgeexperiment mit Mercaptoessigsäure (Abbildung 26) ein Thiol eingesetzt, welches durch Ausbilden einer kovalenten Bindung zu Selen in der Lage ist, dessen Oberfläche abzusättigen und gegen weiteres Wachstum zu stabilisieren. Es wurde in Form seines oxidierten Dimers verwendet, um eine Reduktion des Selen(IV)chlorids durch die Reduktionskraft der freien Thiolgruppe zu verhindern.

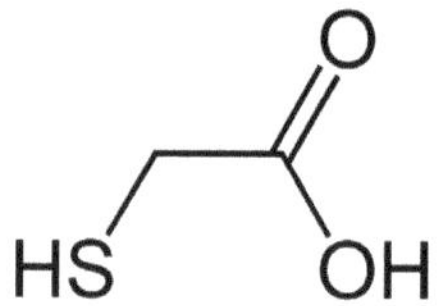

Abbildung 26: Strukturformel von Mercaptoessigsäure.

Die nun erhaltene Suspension muss länger zentrifugiert werden, um die Partikel abzutrennen (15 min, 10.000 U/min). DLS-Analyse und Elektronenmikroskopie zeigen deutlich kleinere Partikel mit einem Durchmesser von 290 nm, ebenso ist die Größenverteilung enger geworden. Auch für Nichtmetalle kann also mithilfe eines geeigneten Oberflächenstabilisators die Partikelgröße und -größenverteilung verringert werden.

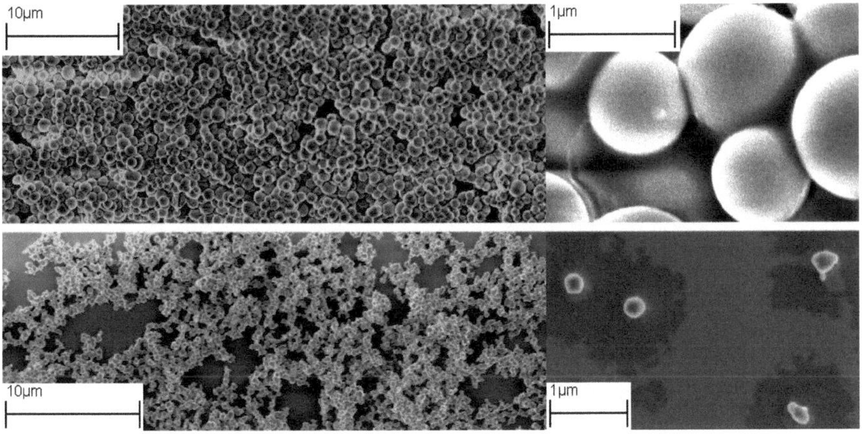

Abbildung 27: REM-Aufnahmen von unstabilisierten Selenpartikeln (oben) und von Mercaptoessigsäure-stabilisierten Selenpartikeln (unten).

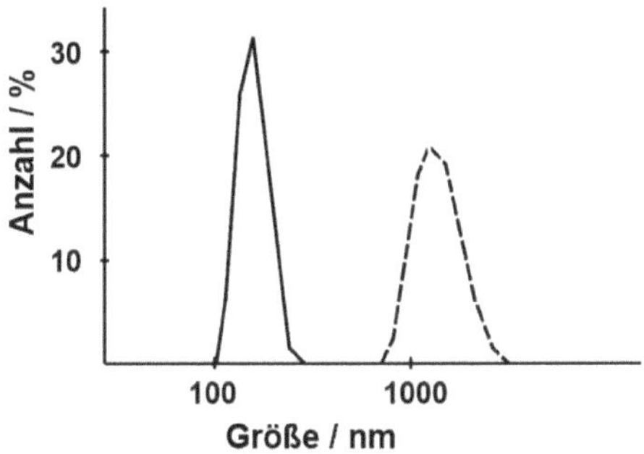

Abbildung 28: DLS-Untersuchung von DEG-Suspensionen der unstabilisierten Selenpartikel (gestrichelt) und der Mercaptoessigsäure-stabilisierten Selenpartikel (durchgezogen).

Thermoelektrische Materialien werden in Peltier-Elementen und thermoelektrischen Generatoren zur Konversion von elektrischer in thermische Energie und ungekehrt verwendet. Die Legierung SbBi ist das meistverwendete thermoelektrische Material im Bereich niedriger Temperaturen (150 – 200 K) [77-79], während Bi_2Te_3 das Referenzmaterial im Temperaturbereich um die Raumtemperatur darstellt [80].

Durch ihre Nanostrukturierung ließe sich die thermische Leitfähigkeit verringern, ohne die elektrische Leitfähigkeit zu beeinträchtigen. Dies könnte den wichtigen *Figure of Merit*-Wert für thermoelektrische Werkstoffe verbessern. Deshalb liegt es nahe, die Tauglichkeit dieser photochemischen Synthesemethode nicht nur für die reinen Elemente, sondern auch für die oben genannten Verbindungen zu prüfen.

Dazu wurden 0,5 mmol $SbCl_3$ (114,1 mg) und 0,5 mmol $BiCl_3$ (157,6 mg) in 100 mL konzentrierter Salzsäure (~37 %) gelöst. Die Lösung wurde mit 100 mL 2-Propanol als Radikalfänger gemischt und unter Schutzgas im UV-Reaktor für 2 h belichtet. Nach dem Abzentrifugieren der schwarzen Suspension wurden kristalline Legierungspartikel erhalten. Die Reflexe im Pulverdiffraktogramm liegen auf dem Molenbruch-gewichteten Mittel zwischen denen von reinem Antimon und Bismut und gehorchen damit der Vegard'schen Regel (Abbildung 29, [81]). Das bedingt das Vorhandensein einer festen Lösung der beiden isotyp kristallisierenden Metalle, bei der jede Atomposition statistisch besetzt wird. Durch Variation der Eduktkonzentration lässt sich die Zusammensetzung der Produktlegierung beeinflussen, wie der Ausschnitt aus einem Pulverdiffraktogramm mit zwei SbBi-Legierungen unterschiedlicher Zusammensetzung zeigt (Abbildung 30). Dies könnte für die Nutzung als thermoelektrisches Material interessant sein, da so die Zusammensetzung genau den Anforderungen angepasst werden kann.

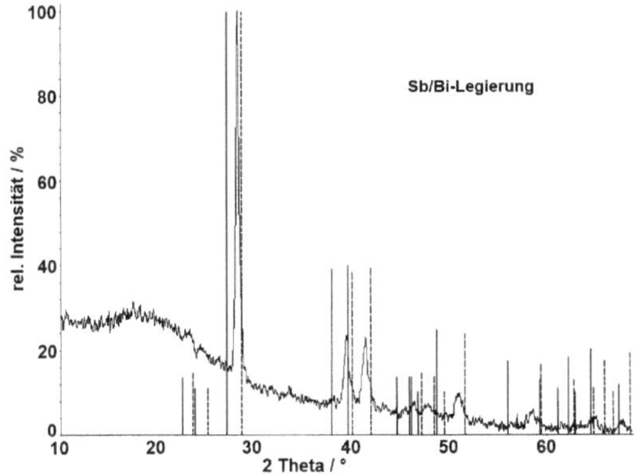

Abbildung 29: Pulverdiffraktogramm von SbBi-Legierungspartikeln (gestrichelt: Sb-Referenz; durchgezogen: Bi-Referenz).

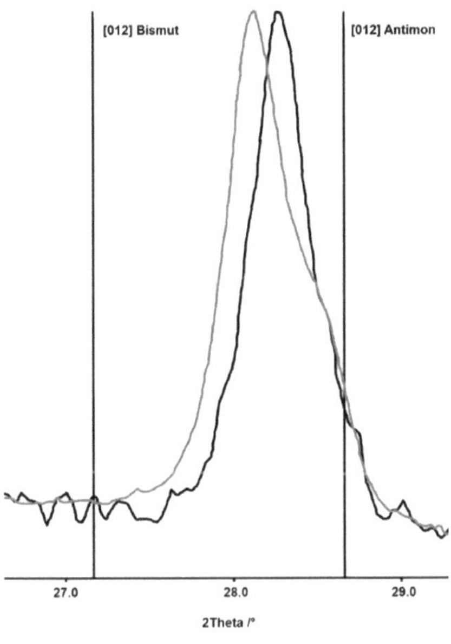

Abbildung 30: Pulverdiffraktogramm (Ausschnitt) zweier SbBi-Legierungen unterschiedlicher Zusammensetzung (grau: $Sb_{64}Bi_{36}$; schwarz: $Sb_{75}Bi_{25}$).

Interessanterweise verhindert die Lösung von Antimon in Bismut nicht die Kristallinisation. Wie oben gezeigt, sind reine Antimon-Partikel nach der Synthese amorph. SbBi-Legierungspartikel sind auch bei einer

Zusammensetzung mit großem Antimonanteil wie $Sb_{75}Bi_{25}$ kristallin. Die Legierung verhält sich also im Bezug auf die Kristallinisation eher metallähnlich.

In REM-Aufnahmen (Abbildung 31) ausgemessene Partikel haben einen durchschnittlichen Durchmesser von 180 nm, die DLS-Analyse (Abbildung 32) ergibt einen hydrodynamischen Durchmesser von 330 nm. Die große Differenz spricht für eine schnelle Agglomeration der Partikel, womit die DLS-Analyse nur noch den Durchmesser der entstehenden Aggregate bestimmt.

Abbildung 31: REM-Aufnahme von SbBi-Legierungspartikeln.

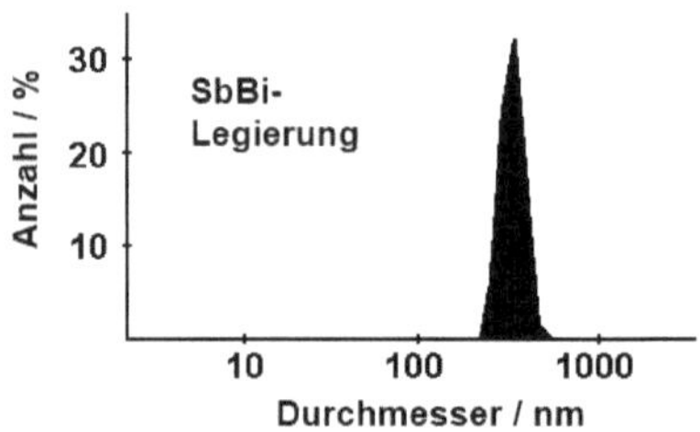

Abbildung 32: DLS-Analyse der Suspension von SbBi-Legierungspartikeln in DEG.

Um Bismuttelluride als wichtige Raumtemperatur-Thermoelektrika zu erhalten, wurden 0,5 mmol Bismut(III)chlorid (157,6 mg) und 0,5 mmol Tellur(IV)oxid

(79,8 mg), was sich in Form von Tellur(IV)chlorid löst, zusammen in 100 mL konzentrierter Salzsäure (~37 %) gelöst. Die Lösung wurde mit 100 mL 2-Propanol als Radikalfänger gemischt und unter Schutzgas im UV-Reaktor für 2 h belichtet.

Man erhält eine Suspension von mesoskaligen Kristallnadeln, die in Form eines Seesterns zusammengewachsen sind (Abbildung 33). Die Gesamtgröße der Agglomerate beträgt bis zu 600 nm, die Dicke der Nadeln liegt zwischen 60 und 120 nm. Der durchschnittliche hydrodynamische Durchmesser von 666 nm aus der DLS-Analyse (Abbildung 34) zeigt, dass die Seestern-Strukturen in der Suspension nicht zusammenhängen. Das Diffraktogramm zeigt die Reflexe von Pilsenit (Bi_4Te_3, Abbildung 35). Variation der Eduktkonzentrationen führen zu keiner anderen Zusammensetzung.

Abbildung 33: REM-Aufnahme von Bi_4Te_3-Partikeln.

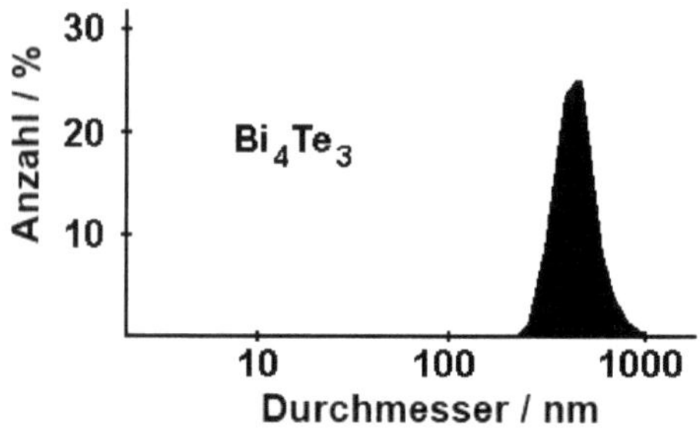

Abbildung 34: DLS-Analyse einer Suspension mit Bi_4Te_3-Partikeln in DEG.

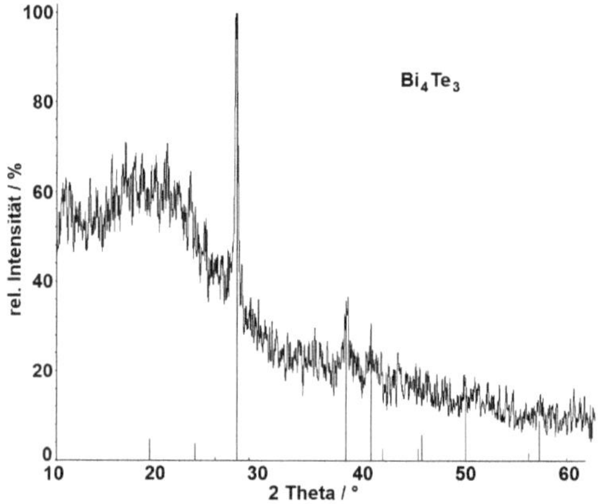

Abbildung 35: Pulverdiffraktogramm von Bi_4Te_3-Partikeln.

Diese Experimente zeigen, dass generell auch Verbindungspartikel durch die photochemisch initiierte Präzipitation dargestellt werden können. Besonders interessant ist die Methode für die Darstellung von bekannten thermoelektrischen Materialien aus den Hauptgruppenelementen Blei, Bismut, Antimon, Selen und Tellur.

Tabelle 2: Analytische Daten aller photochemisch hergestellten Partikel.
([a]: ohne/mit Stabilisator; [b]: längste Achse; [c]: nach 10 min bei 70 °C)

Substanz	**Durchmesser (REM) [nm]**	**Durchmesser (DLS) [nm]**	**Substanzidentifikation**
Bi	81/4 [a]	110/14 [a]	Bismut ICDD-Nr. 1085-1329
Se	1150/ 260 [a]	1200/ 290 [a]	amorphes rotes Selen EDX: 97,0 at-% Se, 3,0 at-% Cl krist. schwarzes Selen [c] ICDD-Nr. 1086-2246
Pb	310 [b]	240	Blei ICDD-Nr. 1071-3758
As	31	33	amorphes Arsen EDX: 91,1 at-% As, 8,9 at-% Cl
Sb	170	230	amorphes Antimon EDX: 88,7 at-% Sb, 11,3 at-% Cl
Te	140	190	Tellur ICDD-Nr. 1079-736
SbBi-Legierung	180	330	kristalline Legierung ICDD-Nr. 1085-1329 (Bi) ICDD-Nr. 1085-1322 (Sb)
Bi_4Te_3	610 [b]	670	Pilsenit ICDD-Nr. 33-216

Partikel können mit Hilfe von Stabilisatoren, die die Oberfläche hydrophob modifizieren, aus der Wasserphase in eine Ölphase transferiert werden. Damit sind sie räumlich von den restlichen Edukten getrennt und somit vor weiterem Wachstum geschützt. Zudem können Partikel so in der Ölphase konzentriert und die weitere Aufarbeitung erleichtert werden. Die Ölphase kann mithilfe eines

Scheidetrichters von der Wasserphase mit den Nebenprodukten und den überschüssigen Edukten abgetrennt werden, so dass nur noch ein kleineres Volumen zu zentrifugieren ist.

Im Steigrohr des UV-Reaktors (siehe Kapitel 3.1.2) wäre leicht ein Ölabscheider zu installieren (Abbildung 36). Nach dieser Modifikation würde die wässrige Eduktlösung (hellgrau) immer wieder zwischen Lampe und Ölabscheider zirkulieren und an der Lampe mit Partikeln angereichert werden, die dann im Ölabscheider in die Ölphase (dunkelgrau, links oben) übertreten.

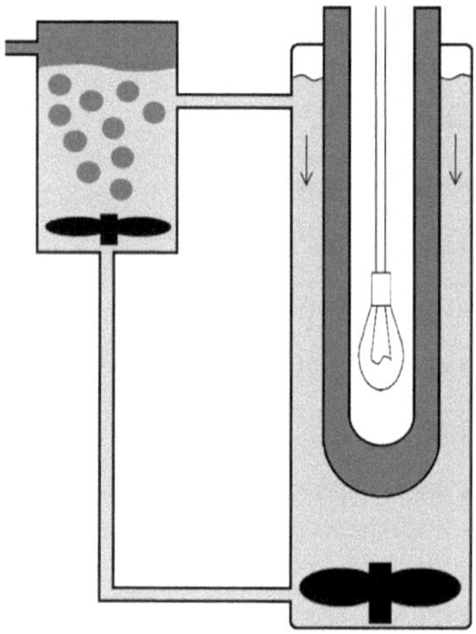

Abbildung 36: Skizze eines modifizierten UV-Reaktors mit Ölabscheider (links oben).

Um das Konzept der Phasentransfer-Synthese zu prüfen, wurde 1 mmol (315,14 mg) $BiCl_3$ in 100 mL konzentrierter Salzsäure (~37 %) gelöst, mit 100 mL 2-Propanol als Radikalfänger und 0,1 mmol Stabilisator gemischt und die Lösung unter Schutzgas in den UV-Reaktor gegeben. Als Stabilisator wurde zunächst Oleylamin gewählt, da es für die hydrophobe Modifizierung einer Reihe von Metallen schon verwendet wurde [82]. Nach der Belichtung erhielt man wiederum eine schwarze Suspension. Ausschütteln der Suspension mit aliphatischen Lösemitteln (Hexan, Dodecan) ergab keinen sichtbaren

Phasentransfer der Bismutpartikel. Die Partikel lagerten sich nur an der Phasengrenze an. In Toluol traten die Partikel nach kurzem Schütteln über und man erhielt eine schwarze Suspension in der Ölphase (Abbildung 37). Allerdings lösen sich die Partikel in Toluol unter Luft oder Schutzgas nach 5 min unter Bildung einer gelbbraunen Lösung auf. Diese ist klar und zeigt im Gegensatz zur schwarzen Suspension auch keinen Tyndall-Effekt. Durch Abdampfen des Lösemittels wurden daraus braune amorphe Flocken gewonnen, in denen mittels EDX die Elemente Bismut, Chlor und Kohlenstoff gefunden wurden (Wasserstoff kann mit EDX nicht nachgewiesen werden). Die exakte Stöchiometrie konnte nicht ermittelt werden. Zwei Modelle können die Reaktion der Bismutpartikel erklären:

Zum einen ist bekannt, dass Bismut(III)chlorid mit Benzol einen Komplex bildet [61]. Wäre nun der hypothetische Bismut(III)chlorid-Toluol-Komplex deutlich stabiler als unkomplexiertes Bismut(III)chlorid, so könnte dies das Redoxpotential der Bismutpartikel so weit senken, dass sie sich zugunsten des Komplexes unter Spaltung von Wasser auflösen. Dagegen würde das hohe positive Standardpotential von metallischem Bismut mit +0,317 V sprechen [76]. Ebenso wurde keine Gasentwicklung beobachtet, die bei der Spaltung von Wasser hätte auftreten müssen.

Zum anderen wird die hohe Aktivität feinverteilter Metalle in der Organometallchemie in Form von "Rieke-Metall" ausgenutzt [83]. Wenn eine Reaktion zwischen Bismut, Toluol und Bismut(III)chlorid stattfindet, so wäre eine Suspension von fein verteilten Bismut-Nanopartikeln in Toluol über einer Bismut(III)chloridlösung ein ideales Eduktegemisch. Als Produkt wären organometallische Verbindungen analog zu Chlorodiphenylbismut(III) oder Clusterverbindungen von Bismut denkbar [84, 85]. Dagegen würde sprechen, dass Toluol als nicht aktivierter Aromat außergewöhnlich reaktionsträge ist.

Abbildung 37: Photo des Phasentransfers in Toluol mit der Strukturformel des Stabilisators Oleylamin.

Prinzipiell ist also ein Phasentransfer möglich, allerdings führt das hier verwendete System zur schnellen Auflösung der Partikel.

Möglicherweise war es die hohe Dichte von Bismut, die ein Phasentransfer der Oleylamin-umhüllten Partikel in leichte aliphatische Lösemittel verhindert hat. Ein weiterer Versuch wurde deshalb unternommen, bei dem die Schwerkraft nicht gegen, sondern mit dem gewünschten Phasentransfer wirkt. Deshalb wurde mit Methylenchlorid ein unpolares Lösemittel verwendet, welches aufgrund der schweren Halogenatome dichter ist als Wasser. Als Stabilisator wurde Citronensäure eingesetzt, da der lange Kohlenwasserstoffrest von Oleylamin mit dem kleinen Molekül Methylenchlorid keine ausreichenden van-der-Waals-Wechselwirkungen eingehen kann. Nach der Belichtung wurde die erhaltene schwarze Suspension mit der organischen Phase ausgeschüttelt. Ein Phasentransfer der Partikel in die untere organische Phase fand statt, dort agglomerierten sie allerdings schnell zu sichtbar größeren Partikeln (Abbildung 38).

Abbildung 38: Photo des Phasentransfers in Methylenchlorid und die Strukturformel des Stabilisators Citronensäure.

Leider lassen sich Methylenchlorid-Suspensionen nicht in kommerziell erhältlichen Zentrifugenröhrchen abzentrifugieren, da die verwendeten Kunststoffe darin aufquellen oder sich lösen. Zudem mussten wegen der hohen Löslichkeit von Methylenchlorid in der Reaktionssuspension große Mengen (100 mL) des gesundheitsschädlichen Stoffs verwendet werden, der im Verdacht steht, Krebs zu erregen. Deshalb wurde dieser Weg nicht weiter verfolgt. Aber auch dieses Experiment zeigt, dass prinzipiell ein Phasentransfer der Bismutpartikel möglich ist.

4.1.3 Untersuchung zum photochemischen Reaktionsmechanismus

Der Verlauf der Photoreaktion von Bismuthalogid zu metallischem Bismut wird von Oldenburg *et al.* über radikalische Zwischenschritte vorhergesagt [60, 61, 75]. Um die Halogenradikale auch experimentell nachzuweisen, wurden Versuche zur Verwendung von Bismut(III)chlorid und Bismut(III)bromid als Radikalstarter in der radikalischen Polymerisation unternommen.

Drei Lösungen von desinhibiertem Styrol (5 mL) in Toluol (5 mL) wurden mittels 5 min Durchleiten von N_2 von Sauerstoff entgast. Ein Ansatz blieb als Kontrollansatz ohne Zusätze, in den anderen beiden wurde unter Rühren $BiCl_3$ (35 mg, 0,111 mmol) beziehungsweise $BiBr_3$ (50 mg, 0,111 mmol) gelöst. Die Proben wurden dann auf 60 °C unter Rühren erhitzt und 120 min mittels einer Schott KL 1500 LCD Kaltlichtquelle mit einer Farbtemperatur von 3300 K bestrahlt. Danach wurden die erhaltenen Polymere durch Fällen in Methanol von den restlichen Edukten abgetrennt und eingeschlossenes Bismuthalogenid durch Rühren in konzentrierter Salzsäure entfernt. Das Polymer wurde zur Reinigung nochmals in THF aufgelöst und erneut in Methanol gefällt. Schließlich wurde es bei 60 °C getrocknet und die Auswaage bestimmt. Aus der Kontrollprobe erhielt man 13 mg Polymer, die Proben mit $BiCl_3$ und $BiBr_3$ ergaben 180 mg beziehungsweise 215 mg Ausbeute.

Die durchschnittliche Molmasse und damit die Kettenlänge der Polymere wurden mittels Größenausschlusschromatographie (SEC, Abbildung 39) analysiert. Die Kontrollprobe weist eine große zahlengewichtete durchschnittliche Molmasse (M_n) von 135.000 g/mol auf, entsprechend einer durchschnittlichen Kettenlänge von 1285 Styroleinheiten. Mit einer M_n von 5.000 und 5.500 g/mol, entsprechend einer Kettenlänge von 48 und 52 Styroleinheiten sind die Polymere aus den $BiCl_3$- und $BiBr_3$-Ansätzen deutlich kürzer. Dies lässt sich mit einer sehr geringen Radikalkonzentration in der Kontrollprobe aus der Selbstinitiation des Styrols oder durch noch vorhandenen

Sauerstoff erklären. Diese Radikale starten dann wenige radikalisch polymerisierende Ketten, die allerdings sehr lange wachsen können, da nur wenige Terminierungen durch Rekombination (zwei Kettenradikale reagieren unter Verlust der beiden Radikalfunktionen zu einer doppelt so langen Kette) zu erwarten sind. Der deutliche Anstieg an Ausbeute und die Abnahme der durchschnittlichen Kettenlänge lassen sich nur durch zusätzliche Radikale erklären. Diese führen zu einer hohen Konzentration an wachsenden Polymerketten mit Radikalfunktion, welche durch die höhere Wahrscheinlichkeit für Rekombinationsschritte früher terminiert werden und somit zu durchschnittlich kürzeren Ketten führen.

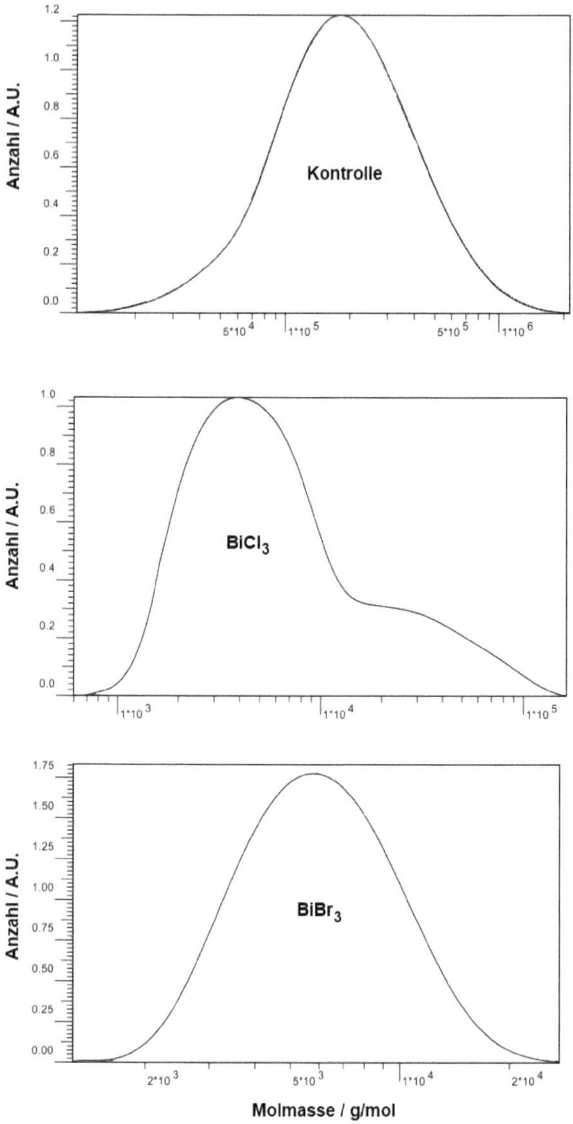

Abbildung 39: SEC-Analyse der Größenverteilung von Polystyrol aus Synthesen mit $BiCl_3$ und $BiBr_3$ als Radikalstarter und der Kontrollsynthese ohne Radikalstarter.

Die bimodale Größenverteilung der $BiCl_3$-Probe ist wahrscheinlich darauf zurückzuführen, dass die Radikale sehr inhomogen gebildet werden, da sowohl

Styrol als Aromat als auch der Radikalstarter $BiCl_3$ im UV-Bereich absorbieren, die Probe insgesamt also sehr stark UV-Licht abschwächt und damit nicht gleichmäßig durchleuchtet ist. $BiBr_3$ dagegen absorbiert im Bereich des blauen sichtbaren Lichts und wird deshalb von der Absorption des Styrols nicht beeinflusst.

Das ^{1}H-NMR-Spektrum des erhaltenen Polymers entspricht Literaturspektren von Polystyrol mit einer Halogenid-Endgruppe aus anderen Synthesemethoden (Abbildung 40, [86]).

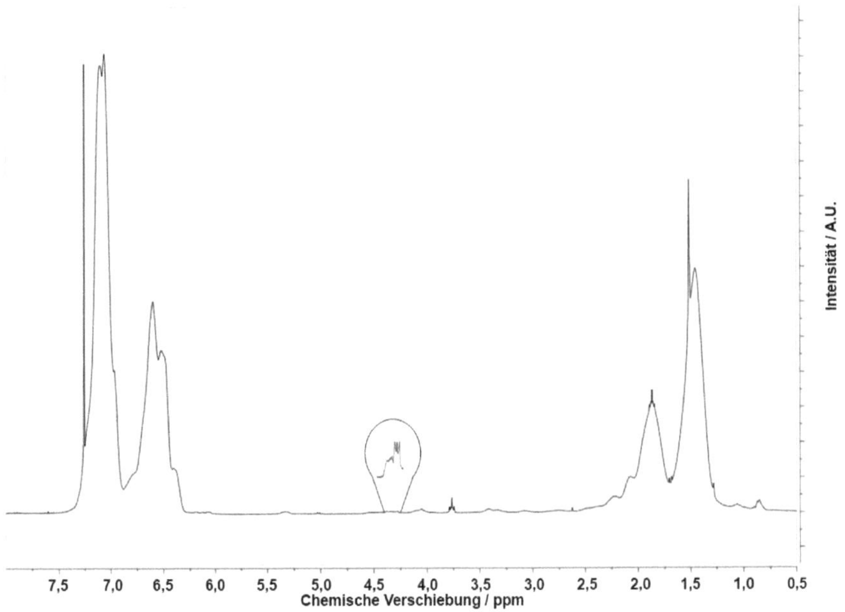

Abbildung 40: ^{1}H-NMR-Spektrum von Polystyrol aus der Umsetzung mit $BiBr_3$.

Die Signale der Protonen, die an ähnlichen chemischen Gruppen entlang der Polymerkette sitzen, überlagern sich stark, so dass nur eine generelle Zuordnung der Signale möglich ist. Zwischen 1,2 ppm und 2,4 ppm finden sich die Signale der aliphatischen Protonen aus der Polymerkette, zwischen 6,3 ppm und 7,4 ppm sind die der aromatischen Protonen der Phenylgruppen zu finden. Das scharfe Signal bei 7,3 ppm stammt von Verunreinigungen des deuterierten NMR-

Lösungsmittels Chloroform mit undeuterierten Molekülen. Das Signal bei 3,8 ppm wird von eingeschlepptem THF aus den Reinigungsschritten verursacht. Das breite Signal bei 4,4 ppm stammt von dem Methin-Proton benachbart zur Bromid-Endgruppe. Da pro Polymerkette nur ein solches Proton (verglichen mit rund 400 anderen Protonen) existiert, hat dieses Signal nur eine geringe Intensität. Damit ist aber gezeigt, dass die Polymerisierung von einem Bromidradikal initiiert wurde, und folglich die Photoreaktion von Bismuthalogeniden zu metallischem Bismut über radikalische Zwischenprodukte verlaufen muss.

Mit den Ergebnissen von Oldenburg *et al.* [61] lässt sich der Reaktionsmechanismus damit wie folgend formulieren:

(I) LMCT: $$Bi^{+III}X_3 \xrightarrow{h\nu} Bi^{+II}X_2 + X\cdot$$

Durch einen LMCT-Übergang wird ein Elektron vom Halogen zum Metall übertragen und damit formell zwei Radikale geschaffen. Wird das Halogenradikal nicht vom Bi^{2+}-Radikalion entfernt (diffusiv oder durch Reaktion), tritt Rekombination als Rückreaktion ein.

(II) Radikalweitergabe: $$X\cdot + HScav \longrightarrow Scav\cdot + HX$$

Die Halogenradikale geben ihre Radikaleigenschaft bereitwillig an andere Moleküle weiter, die stabilere Radikale bilden (Radikalfänger, „Scavenger“). Für das sehr reaktive Chlorradikal ist das nahezu jedes beliebige organische Molekül, für das reaktionsträge Iodradikal sind explizite Radikalfänger wie Vitamin C nötig [68].

(III) Disproportionierung: $$3\,Bi^{+II}X_2 \longrightarrow Bi^0 + 2\,Bi^{+III}X_3$$

Bi^{2+}-Radikalionen sind als Hauptgruppenspezies mit ungerader Elektronenzahl nicht thermodynamisch stabil. Auch ist Bismut(II)chlorid nicht durch sterisch anspruchsvolle Reste kinetisch stabilisiert, so dass es durch Disproportionierung zu metallischem Bismut und Bismut(III)chlorid abreagiert. Das Metall fällt homogen in der Lösung aus und bildet daher Partikel.
Aufgrund des ähnlichen photochemischen Verhaltens der anderen untersuchten Hauptgruppenhalogenide und des gleichen LMCT-Übergangs bei der UV-Anregung wird angenommen, dass dieser Reaktionsmechanismus sinngemäß auch für Zinn, Blei, Arsen, Antimon, Selen und Tellur gilt: LMCT-Anregung zu einem Halogenradikal und einem um eine Elementarladung reduziertem Hauptgruppenion, Entfernung des Halogenradikals durch Radikalweitergabe, und schließlich Disproportionierung der Hauptgruppenionen in Ionen stabiler Oxidationsstufe sowie dem Element.

Zusammenfassend wurde eine reproduzierbare photochemische Synthese für Bismutpartikel aus den entsprechenden Halogeniden erarbeitet. Anschließend wurde diese Synthesemethode auf andere schwere Hauptgruppenelemente, nämlich Blei, Arsen, Antimon, Selen und Tellur, und deren Verbindungen am Beispiel von SbBi und Bi_4Te_3 erweitert. Da die Synthesen in wässrigem Lösemittel und unter ausschließlicher Verwendung von Basischemikalien als Edukte durchgeführt werden, kann sie auch kommerziell von Interesse sein. Verglichen mit den vorgestellten Literatursynthesen sind weder teure oder aufwendig herzustellende Edukte [[51, 51, 55-57] noch eine besondere Strahlungsquelle [58, 59] vonnöten.
An Bismut als Metall und Selen als Nichtmetall wurde exemplarisch gezeigt, dass bei der Photoreduktion bekannte Stabilisatoren angewendet werden können, um die erhaltene Partikelgröße zu variieren. Mithilfe von geeigneten Lösemittel/Stabilisator-Paaren wurde die Machbarkeit eines Phasentransfers der

Partikel in eine Ölphase demonstriert. Dies zeigt die Flexibilität der Methode, die es mit geringen Veränderungen in der Reaktionsführung erlaubt, verschieden große Partikel zu synthetisieren. Der Phasentransfer bietet den Vorteil der einfachen Abtrennung und Aufarbeitung durch Aufkonzentrieren der Partikel in der Ölphase. Auch dies unterstreicht den möglichen kommerziellen Wert der Synthese.

Durch den Einsatz von Bismuthalogeniden als Radikalstarter in der Polymerisation von Styrol wurde erstmal experimentell der Verlauf der Reaktion über radikalische Zwischenschritte belegt. Der Einsatz von Hauptgruppenelementhalogeniden als Radikalstarter ist der Polymerchemie bisher noch unbekannt, somit wurde eine komplette Substanzklasse als mögliche neue Radikalstarter für die organische Chemie entdeckt. Mit Bismut(III)bromid wurde auch der bislang erste Radikalstarter gefunden, der direkt bei der Polymerisation in einer photochemischen Eintopf-Reaktion synthetisch wertvolle Bromidgruppen an das Polymer überträgt.

4.2 Bismutoxidhalogenide als p-Halbleiter für Farbstoffsolarzellen

4.2.1 Aktueller Stand der Forschung

Neben Nickeloxid wurden bisher wenige andere Halbleitermaterialen für Farbstoffsolarzellen vom *p*-Typ untersucht. Tennakone *et al.* verwendeten erfolgreich Kupfer(I)-thiocyanat als Halbleiter und Methylviolett als Farbstoff, um eine *p*-Zelle zu bauen. Es wurden jedoch nur sehr geringe Stromstärken im Nanoamperebereich erreicht, da der Halbleiter nicht nanoskalig vorlag und nur eine geringe Oberfläche aufwies [87]. Poznyak *et al.* untersuchten die photoelektrochemischen Eigenschaften der Bismutoxidhalogenide BiOCl, BiOBr und BiOI ohne und mit verschiedenen Farbstoffen und erkannten ihre prinzipielle Eignung als *p*-Halbleiter in einer Farbstoffsolarzelle. Jedoch ließ ihre Synthesemethode nur Halbleitersubstrate auf Platin zu, welches gleichzeitig als Katalysator für die Redoxelektrolytregeneration wirkt und folglich die Zelle teilweise kurzschließt [22]. Wang *et al.* beschrieben den Bau einer photoelektrochemischen Solarzelle mit BiOI, allerdings ohne Verwendung eines Farbstoffes zur spektralen Sensibilisierung der Halbleiters. Sie erhielten eine erstaunlich hohe Leerlaufspannung von 0,6 V, was mehr als doppelt so hoch ist, wie das theoretische Limit für diese Kombination von Halbleiter und Elektrolyt, das von Poznyak *et al.* mit 0,25 V angegeben wurde [88].

Nickel(II)oxid als *p*-Halbleiter für Farbstoffsolarzellen wurde von mehreren Gruppen untersucht. He *et al.* waren 1991 die ersten, die eine Farbstoffsolarzelle aus nanostrukturiertem Nickel(II)oxid konstruierten. Sie erreichten eine Kurzschluss-Stromdichte von 0,23 mA/cm^2 und eine Leerlaufspannung von 82,8 mV bei einer Effizienz von 0,0076 % mit Erythrosin B als Farbstoff [89]. Aufgrund des geringen Unterschieds zwischen der Fermi-Kante von Nickel(II)oxid und des Redoxpotentials des Iodid-Triiodid-Systems bestimmten sie die maximal erreichbare Spannung für diese Kombination zu rund 100 mV. Durch eine Schichtstruktur für die Halbleiter-Nanopartikel gelang es Mizuguchi

et al., die Kurzschluss-Stromdichte auf 1,61 mA/cm^2 zu steigern, was die Effizienz auf 0,057 % erhöhte [90]. Eine weitere Verbesserung gelangen Li *et al.* mit einer ähnlich hergestellten Schichtstruktur und unter Verwendung von organischen "Push-Pull"-Farbstoffen. Hierbei handelt es sich um organische Moleküle mit einem ausgedehnten Bindungssystem delokalisierter Elektronen, deren HOMO und LUMO noch durch elektronenliefernde („push“) und elektronenentziehende („pull“) Gruppen beeinflusst werden. Die Zellen mit diesen Farbstoffen erreichen mit 5,48 mA/cm^2 Kurzschluss-Stromstärke und einer Effizienz von 0,15 % die bislang besten Werte [91].
Die bisher genannten Nickel(II)oxid-Zellen erreichen alle eine Leerlaufspannung von 0,1 V oder knapp darunter, wie von He *et al.* aufgrund der Lage der Fermi-Kante vorhergesagt. Zhang *et al.* erreichten kürzlich eine ungewöhnlich hohe Leerlaufspannung von 0,304 V für Nickel(II)oxid als Halbleiter und dem Iodid-Triiodid-System als Redoxelektrolyt. Sie begründen die erhöhte Spannung durch eine verbesserte Kristallinität des Halbleiters [92].

Geeignete Nanopartikelschichten für die Verwendung in Farbstoffsolarzellen müssen über eine Reihe von Eigenschaften verfügen: eine hohe Kristallinität, um die Ladungsträger schnell transportieren zu können und Rekombination an Defekten zu unterdrücken; hohe Porosität, um eine ausreichende Menge des Farbstoffs adsorbieren zu können und um ausreichenden Kontakt zum Elektrolyten zu gewährleisten; ausreichende mechanische Stabilität und eine innere Oberfläche, die frei für den Farbstoff und nicht durch andere Liganden blockiert ist.
Im Rahmen unserer Untersuchungen [69, 93] gelang bereits eine Synthese für BiOCl basierend auf der Polyolmethode. Diese führt zu plättchenförmigen Nanopartikeln mit hoher Kristallinität. Prinzipiell wäre die Methode auch auf BiOBr und BiOI übertragbar, würde aber ein sorgfältiges Einstellen der

Reaktionsparameter für jede Substanz erforderlich machen. Zudem wäre die Oberfläche der Partikel mit dem Stabilisator Diethylenglykol bedeckt.
Henle *et al.* verwenden Mikroemulsionen, um zu kleinen Nanopartikeln zwischen 3 und 23 nm aus BiOCl, BiOBr und BiOI zu kommen [67, 94]. Die Partikel sind ohne Aufarbeitung kristallin, sind aber ebenfalls mit einem Stabilisator, hier dem Tensid, an der Oberfläche belegt. Außerdem eignet sich die Mikroemulsionsmethode nur schlecht zur Herstellung größerer Substanzmengen. Der SILAR-Ansatz (englisch: Successive Ionic Layer Adsorpion and Reaction, aufeinanderfolgende Ionenschicht-Adsorption und -Reaktion) von Nicolau [95] wurde von Wang *et al.* auf BiOI angewandt [88]. Sie erhielten eine Schicht aus stabilisatorfreien, kristallinen Plättchen mit einer Plättchendicke von 10 nm bei guter mechanischer Stabilität der Schicht. Jedoch ist eine unabhängige Änderung der Schichtdicke ohne Veränderung der Plättchengröße nicht möglich.

Der Austausch des Iodid-Triiodid-Redoxsystems gegen Bromid-Tribromid wurde bis jetzt nur in Farbstoffsolarzellen vom *n*-Typ vorgenommen. Wang *et al.* zeigten für Eosin Y als Farbstoff auf Titandioxid, dass mit diesem Redoxsystem höhere Leerlaufspannungen möglich sind [96]. Rani *et al.* untersuchten Eosin Y auf *n*-Zinkoxid in Kombination mit sowohl dem Iodid-Triiodid- als auch dem Bromid-Tribromid-Redoxpaar und fanden, dass für Bromid eine höhere Spannung, für Iodid jedoch eine höhere Stromstärke zu erreichen ist. Sie vermuten als Grund für die geringere Stromstärke eine langsamere Farbstoff-Regeneration beim Bromidsystem [97]. Untersuchungen für das Bromid-Tribromid-Redoxpaar in *p*-Farbstoffsolarzellen wie auch für die Verwendung von höheren Polybromiden in beiden Arten von Farbstoffsolarzellen stehen noch aus. Wolff *et al.* publizierten kürzlich das Polybromid $[C_4MPyr]_2[Br_{20}]$, welches aus einem dreidimensionalen Netzwerk aus Bromatomen aufgebaut ist [98]. Über ein solches Netzwerk wäre ein

Ladungstransport nicht nur diffusiv, sondern analog dem Grotthuss-Mechanismus in Wasser durch Weitergabe der Ladung ohne Bewegung von Atomrümpfen möglich.

Exkurs:

Vergleich der Bandübergänge von Elektronen im Festkörper-Halbleiter mit Charge-Transfer-Übergangen in einem molekularen Komplex anhand Bismut-Halogen-Verbindungen

Wie in diesem Kapitel erwähnt, können Bismutoxidhalogenide in einer photoelektrochemischen Solarzelle auch ohne Farbstoff Licht zu Elektrizität konvertieren. In diesem Fall wirkt das Bismutoxidhalogenid als Halbleiter selbst als Farbstoff, indem durch die Absorption des Photons ein Elektron aus ihrem Valenzband ins Leitungsband angehoben wird. Die Ladungstrennung wird durch Abgabe eines der beiden Ladungsträger (Elektron oder "Loch") an den Elektrolyten durchgeführt. Bandstrukturrechnungen von Huang *et al.* [99] zeigen, dass das Leitungsband der Bismutoxidhalogenide von *6p*-Zuständen des Bismuts dominiert wird, während die Oberkante des Valenzbands den größten Beitrag aus *np*-Zuständen (n=3 für Cl, n=4 für Br, n=5 für I) des entsprechenden Halogens erhält.

Betrachtet man Bandstrukturen als die energetisch extrem eng zusammengerückte Molekülorbitale eines Festkörpers, wie von Hoffman anschaulich erklärt [100], so entspricht der Bandübergang eines Elektrons beim Bismutoxidhalogenid in der Sprache der Festkörperchemiker und –physiker dem Charge-Transfer-Übergang in der Sprache der Molekülchemiker. Da bei den Bismutoxidhalogeniden das Elektron aus einem Band stammt, welches von Halogenzuständen ("Ligand") bestimmt wird, und es in ein Band aus Metallzuständen wechselt, handelt es sich also bei dieser Anregung um die Festkörperentsprechung eines LMCT-Übergangs. Damit ist dic Natur der

Anregung eines Elektrons im Festkörper Bismutoxidhalogenid (Kapitel 4.2) dieselbe wie im molekularen Bismut(III)halogenid (Kapitel 4.1).

4.2.2 Darstellung von BiOX-Nanopartikeln

Um zu geeigneten Nanopartikel für eine Farbstoff-Solarzelle zu kommen, wurde ausgehend von der Lehrbuchsynthese für makroskopisch kristallines BiOX [101] eine Synthese für kristalline Nanopartikel entwickelt.

Eine Lösung von 6,02 mmol des entsprechenden Kaliumhalogenids (KCl: 448,8 mg; KBr: 716,4 mg; KI: 1000 mg), 500 mg (3,67 mmol) Natriumacetat-Trihydrat und 0,3 mL (0,91 mmol) Oleylamin in einer Mischung aus 25 mL Wasser und 10 mL 2-Propanol wurde mit 10 mL Toluol überschichtet. Dieses Zweiphasensystem wurde bis zum Sieden der wässrigen Phase bei ungefähr 120 °C erhitzt. Dann wurde schlagartig und unter starkem Rühren (20000 U/min, Ultra-Turrax Laborrührgerät) eine Lösung von 200 mg (0,41 mmol) Bismut(III)nitrat-Pentahydrat in 0,3 mL (5,2 mmol) Eisessig zugegeben, woraufhin sich das Gemisch von farblos nach weiß beziehungsweise orange für BiOI verfärbt. Beim Abkühlen ohne weiteres Rühren trennt es sich in eine farblose wässrige Phase und eine gefärbte ölige Phase auf (Abbildung 41).

Abbildung 41: Photo eines Phasentransfers von BiOI-Nanopartikeln in die Ölphase.

Durch die schlagartige Injektion der Bi^{3+}-Ionen und der schnellen Durchmischung der Reaktionssuspension wird eine hohe Übersättigung an BiOX hervorgerufen. Die hohe Reaktionstemperatur hilft, die Aktivierungsenergie zur Keimbildung zu überwinden, so dass spontane und nahezu gleichzeitige Nukleation einsetzt. Nach dem LaMer-Modell [5] zu Keimbildung und -wachstum durchlaufen diese gleichzeitig entstandenen Keime eine gleich lange Wachstumsphase, so dass sie zu Partikel mit einer engen Größenverteilung wachsen.

Zusätzliche Kontrolle über die Partikelgröße wird durch den Stabilisator Oleylamin ausgeübt. Dieser bindet über sein freies Elektronenpaar an die Bismutionen in der Oberfläche der Partikel. Die Partikeloberfläche ist nun durch den nach außen ragenden unpolaren Kohlenwasserstoffrest unpolar funktionalisiert, was die Interaktion mit der wässrigen Phase ungünstig und mit der Ölphase günstig macht: die funktionalisierten Partikel führen einen Phasentransfer durch und sind damit vor weiterem Wachstum geschützt, da die Edukte in der wässrigen Phase verbleiben.

BiOCl ist thermisch so stabil, dass anhaftender Stabilisator durch Tempern einfach entfernt werden kann. Für dieses Material kann die Ölphase ohne weitere Aufarbeitung außer der Abtrennung von der wässrigen Phase also direkt als Suspension zur Herstellung der Solarzellen dienen. BiOBr und BiOI neigen dagegen bei höheren Temperaturen zur Umwandlung in Bi_2O_3, so dass eine andere Methode nötig ist, um die Oberfläche stabilisatorfrei zu bekommen.

Dafür wurden die Partikel durch Zentrifugation abgetrennt, mittels Ultraschall in 2-Propanol resuspendiert und erneut durch Zentrifugation aus der Suspension abgeschieden („gewaschen"). Dieser Waschschritt wurde vier Mal wiederholt, wobei bei den beiden mittleren Waschschritten 0,1 mL Hydrazinhydrat (Hydrazingehalt ~65 %) zugegeben wurde. Hydrazin wirkt als bidentater Aminligand und zeigt somit aus entropischen Gründen ein höheres Bindungsbestreben als das monodentate Oleylamin: für jedes gebundene Hydrazinmolekül werden zwei Moleküle Oleylamin frei, aufgrund dessen steigt die Entropie. Zudem kann Hydrazin unter milden Bedingungen an Luft zersetzt werden, so dass eine freie Oberfläche zurückbleibt (Abbildung 42).

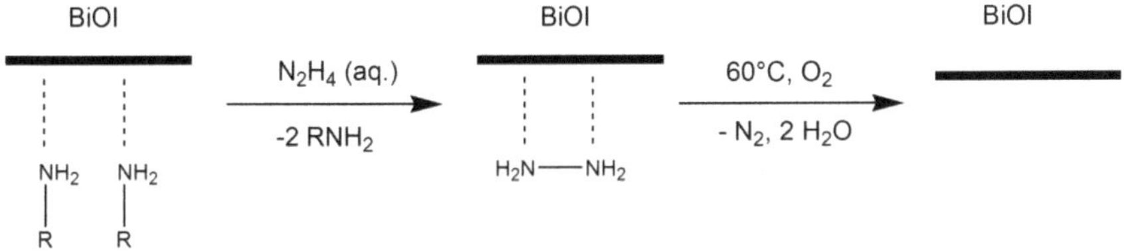

Abbildung 42: Reaktionsschema zur Oberflächenreinigung von BiOI mit Hydrazin.

Der Reinigungseffekt kann schwingungsspektroskopisch nachgewiesen werden: In Abbildung 43 sind für die nur mit 2-Propanol gewaschenen Nanopartikel noch deutlich die stärksten Banden der Stabilisatoren Oleylamin und Acetat zu sehen: aliphatische C-H-Streckschwingungen bei 2924 und 2853 cm^{-1} für Oleylamin und symmetrische und antisymmetrische Carbonyl-Streckschwingungen für das Carboxylanion bei 1563 und 1413 cm^{-1}. Nach der Hydrazinbehandlung findet man im IR-Spektrum der Nanopartikel keine Banden, bis auf geringe Überreste der Carbonyl-Streckschwingungsbande und der Gitterschwingungen des Festkörpers unter 650 cm^{-1}.

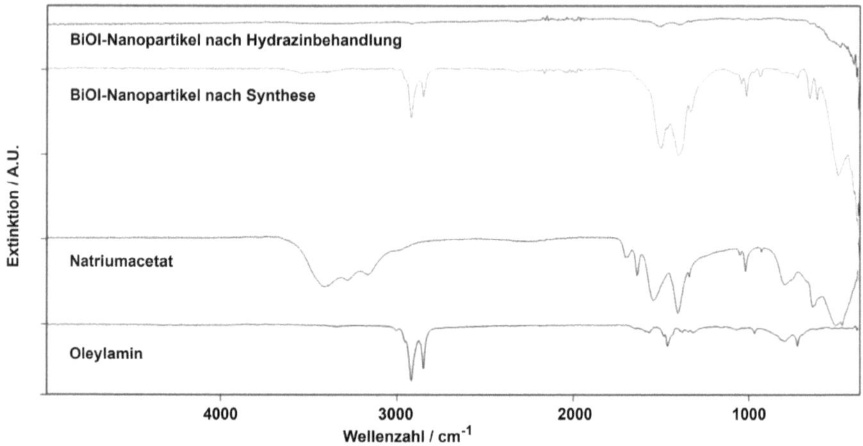

Abbildung 43: IR-Spektren von BiOI-Nanopartikeln mit Vergleichsspektren der verwendeten Stabilisatoren.

REM-Aufnahmen der BiOI-Partikel zeigen Plättchen mit einer Kantenlänge zwischen 100 und 250 nm sowie einer Dicke zwischen 10 und 20 nm (Abbildung 44). Ein Pulverdiffraktogramm der Partikel zeigt die Reflexe von BiOI, mit unterschiedlicher Reflexverbreiterung je nach Orientierung der dazugehörigen Netzebenen bezüglich der kristallographischem *c*-Achse. Reflexe parallel zur *c*-Achse wie der [110]-Reflex bei 31,658° 2θ sind schmal, was auf eine große Kristallitgröße in diese Richtung hindeutet. Dagegen sind Reflexe von Netzebenen mit größerem Winkel zur *c*-Achse zunehmend verbreitert, bis hin zum Reflex der [001]-Netzebenen, welche senkrecht zur *c*-Achse stehen. Um die Annahme zu stützen, dass die *c*-Achse senkrecht zur Plättchenfläche der Partikel liegt, wurde mit Hilfe der Scherrer-Formel für Partikel unbestimmter Gestalt (Gleichung 2) die Kristallitgröße für jeden nicht überlagerten Reflex bestimmt und auf die *c*-Achse projiziert (Abbildung 45 und Tabelle 1). Dies ergab vergleichbare Werte für die Kristallitgröße jedes Reflexes, die auch mit den REM-Aufnahmen übereinstimmen. Die größeren Werte nach der Scherrer-Gleichung ergeben sich durch die Mittlung der Pulverdiffraktometrie nach Volumen: große Partikel werden stärker gewichtet.

Abbildung 44: REM-Aufnahmen von BiOI-Partikeln.

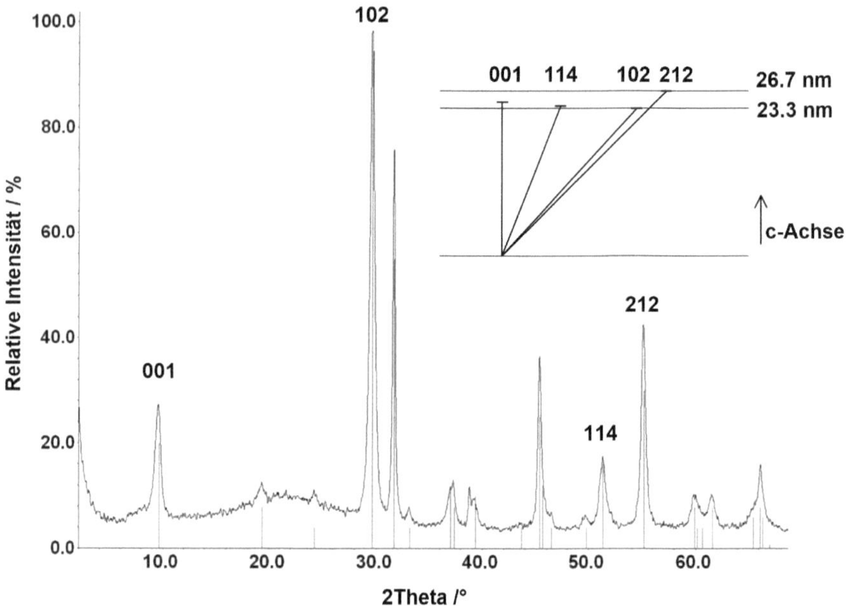

Abbildung 45: Pulverdiffraktogramm von BiOI-Nanopartikel und dazugehörige Kristallitgrößen nach der Scherrer-Gleichung mit relativem Winkel zur *c*-Achse (Referenz ICDD-Nr. 10-445).

Tabelle 3: Kristallitgröße in unterschiedliche kristallographische Richtungen der BiOI-Partikel.

Netzebene	2 Theta	Kristallitgröße nach Scherrer	Kristallitgröße auf die *c*-Achse projiziert
[001]	9,658°	24 nm	24 nm
[102]	29,645°	31 nm	23 nm
[110]	31,658°	59 nm	-
[114]	51,347°	25 nm	23 nm
[212]	55,151°	37 nm	27 nm

Auch die Kristallstruktur der Bismutoxidhalogenide spricht für ein Plättchenwachstum, da von einem schnelleren Wachstum in Richtung der kurzen Elementarzellenkanten und einem langsameren Wachstum entlang langer Elementarzellenkanten auszugehen ist. Dies ergibt bei den

Bismutoxidhalogeniden mit tetragonaler Kristallstruktur vom PbClF-Typ mit kurzen *a*- und *b*-Kanten (BiOI: 339,4 pm) und einer langen *c*-Kante (BiOI: 914,9 pm) der Elementarzelle die Plättchenform.

Die DLS-Analyse der BiOI-Suspension (Abbildung 46) ergibt unter der Annahme kugelförmiger Partikel einen Wert von 180 nm für den hydrodynamischen Durchmesser, was gut mit dem Mittel der Größe in allen drei Achsen übereinstimmt und die geringe Agglomeration in der Suspension belegt.

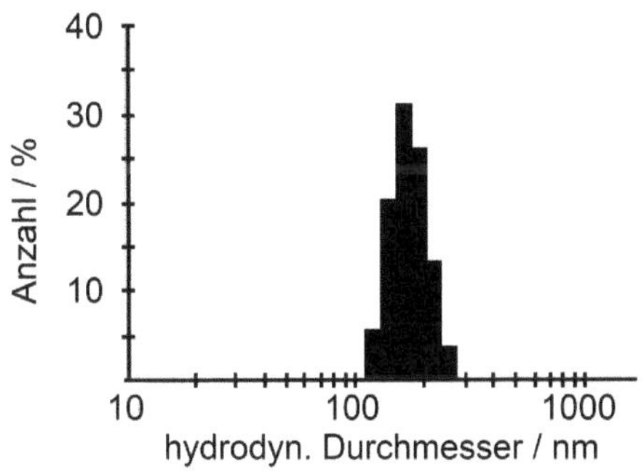

Abbildung 46: DLS-Analyse einer BiOI-Suspension in DEG.

Mittels der Stickstoffsorption wurde die spezifische Oberfläche der BiOI-Nanopartikel nach Brunauer, Emmett und Teller zu 16 m^2/g bestimmt, bei erster Betrachtung ein recht geringer Wert. Zieht man aber die hohe Dichte von Bismutoxidiodid (8,01 g/cm^3) in Betracht, so erreicht die Messung nahezu den Wert von 16,37 m^2/g, der unter der Annahme erhalten wird, dass die Probe ausschließlich aus 200x200x18 nm großen Nanopartikeln besteht. Somit ist fast die gesamte Oberfläche der Nanopartikel für eine Adsorpion zugänglich und kann in einer Solarzelle mit Farbstoff bedeckt werden.

Makroskopisches Bismutoxidiodid ist karminrot, die hier erhaltenen Nanopartikel weisen hingegen, je nach Aggregationsgrad, eine orange bis gelbe Farbe auf. Um die genauen Farbeigenschaften festzustellen, wurde ein vergleichendes UV/Vis-Spektrum aufgenommen (Abbildung 47). Für die makroskopischen Partikel ergab sich eine Absorptionskante bei 680 nm, was einem Bandabstand von 1,83 eV entspricht, und damit gut mit Literaturwerten übereinstimmt (1,77-1,90 eV) [102, 103]. Die Nanopartikel hingegen zeigen eine Absorptionskante bei 620 nm entsprechend einem Bandabstand von 2,00 eV. Interessanterweise entspricht dies Werten von Henle *et al.*, die sie für kleinere Partikel mit einem Durchmesser zwischen 10 und 25 nm erhielten [67, 94]. Anscheinend ist also eine Größenbeschränkung des Halbleiters in der kristallographischen *c*-Achse ausreichend, um eine Vergrößerung der Bandlücke zu verursachen.

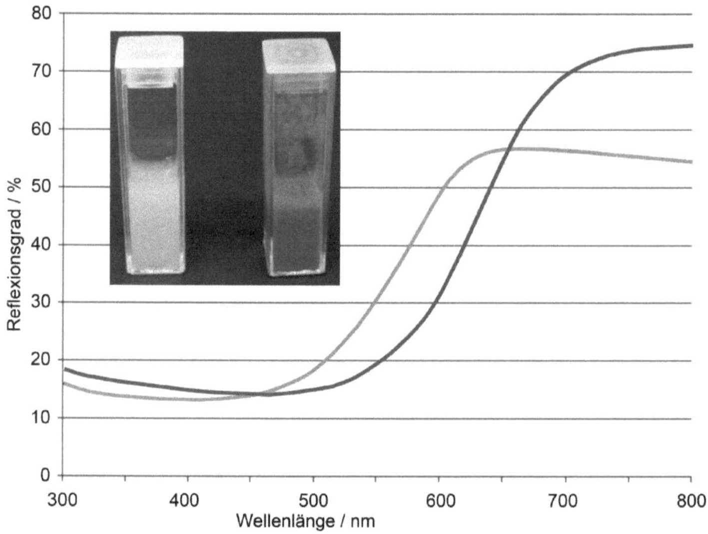

Abbildung 47: UV/Vis-Spektrum von nanoskaligem (gelb) und makroskopischem (rot) BiOI mit Photo der Suspensionen in DEG.

Die Synthese von BiOCl und BiOBr ergibt in Größe und Kristallinität vergleichbare Partikel. In Tabelle 2 werden die Abmessungen der drei Partikelsorten verglichen, Abbildung 48 bis Abbildung 51 zeigt die entsprechenden REM-Bilder, DLS-Untersuchungen und Pulverdiffraktogramme für BiOCl und BiOBr.

Abbildung 48: REM-Aufnahmen von BiOCl- (links) und BiOBr-Partikeln (rechts).

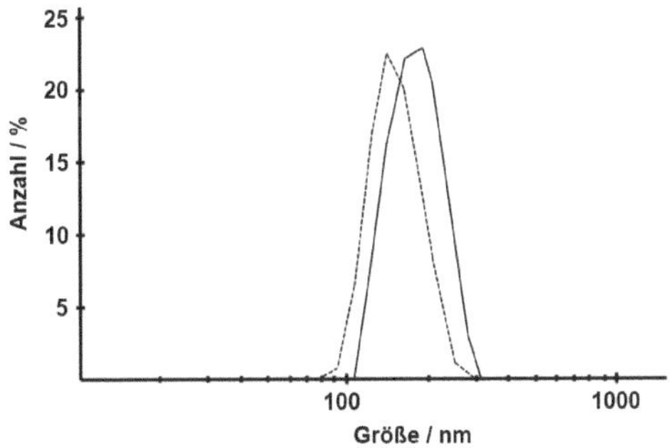

Abbildung 49: DLS-Analyse von BiOCl- (durchgezogen) und BiOBr-Suspensionen (gestrichelt) in DEG.

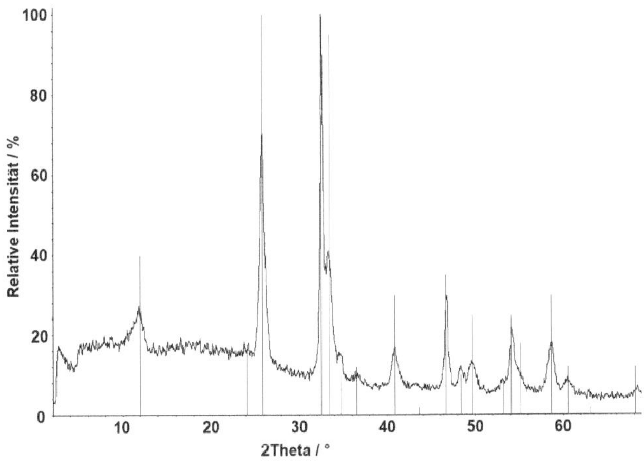

Abbildung 50: Pulverdiffraktogramm von BiOCl-Nanopartikeln (Referenz: ICDD Nr. 6-249).

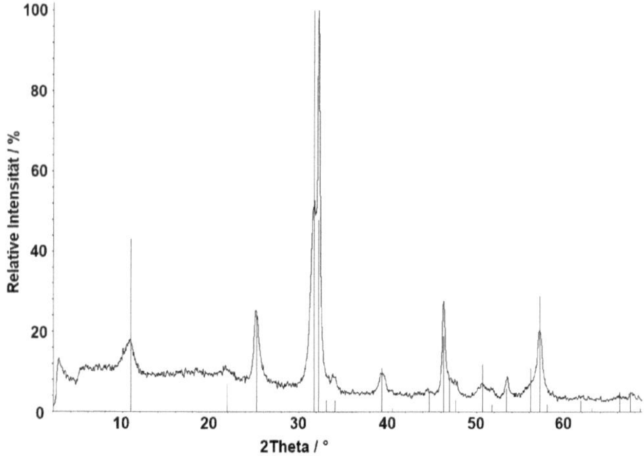

Abbildung 51: Pulverdiffraktogramm von BiOBr-Partikeln (Referenz: ICDD-Nr. 1078-348).

Tabelle 4: Größenvergleich der verschiedenen Bismutoxidhalogenid-Nanopartikel.

Material	Kristallitgröße nach Scherrer entlang der c-Achse	Mittlerer Hydrodynamischer Durchmesser aus DLS-Analyse
BiOCl	19 nm	202 nm
BiOBr	22 nm	150 nm
BiOI	24 nm	180 nm

4.2.3 Konstruktion und Untersuchung von BiOX-Solarzellen

Als Referenzfarbstoff für eine *p*-Farbstoffzelle auf BiOCl-Basis wurde Coumarin 343 gewählt, da dieses gute Vergleiche mit anderen *p*-Farbstoffzellen ermöglicht [21]. Zudem ist der Farbstoff kommerziell erhältlich, und verfügt mit der Carboxylgruppe über eine Ankergruppe, mit der eine gute Adsorption an die Halbleiteroberfläche gelingt (Abbildung 52 links).

Um die Eignung von dreidimensionalen Polybromid-Netzwerken als Redoxelektrolyt zu überprüfen, wurde eine Brom-resistente Farbstoffsolarzelle entworfen. Sie wurde so gestaltet, dass ein möglicher Halogenaustausch am Halbleiter und die Bromierung des Farbstoffs erschwert werden. Als Halbleiter wird BiOBr verwendet; Eosin Y als Farbstoff ist inhärent schwer zu bromieren, da es schon durch vierfache Bromierung aus Fluorescein gewonnen wird (Abbildung 52 rechts). Als Elektrolyt soll die Ionische Flüssigkeit $[C_4MPyr]_2[Br_{20}]/[C_{10}MPyr][OTf]$ von Wolff *et al.* [98] verwendet werden.

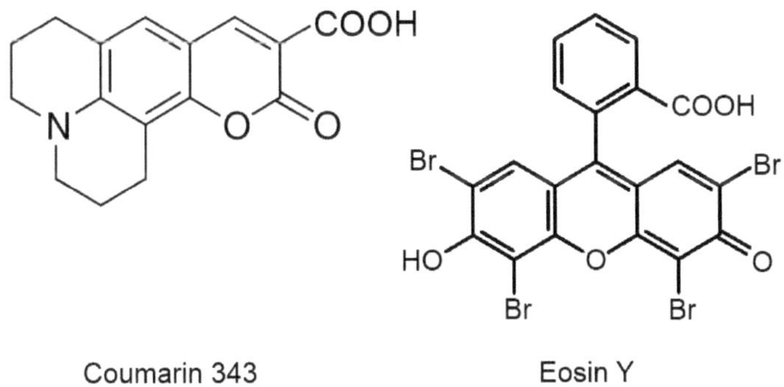

Abbildung 52: Strukturformeln der verwendeten Farbstoffe.

Um zu überprüfen, ob die Farbstoffe an die Bismutoxidhalogenid-Halbleiterpartikel adsorbieren, wurden die Partikel 30 min in eine Lösung des entsprechenden Farbstoffs in siedendem 2-Propanol gegeben, abzentrifugiert und zwei Mal mit kaltem 2-Propanol gewaschen. Die Farbe des erhaltenen Pulvers zeigt, dass sowohl Eosin Y als auch Coumarin 343 an die Partikel gebunden sind. Zudem wurde ein IR-Spektrum der Partikel und des reinen Farbstoffs aufgenommen. Die Lage der beobachteten Banden stimmt überein, so dass auf eine erfolgreiche Adsorption der Farbstoffe geschlossen werden kann (Abbildung 53).

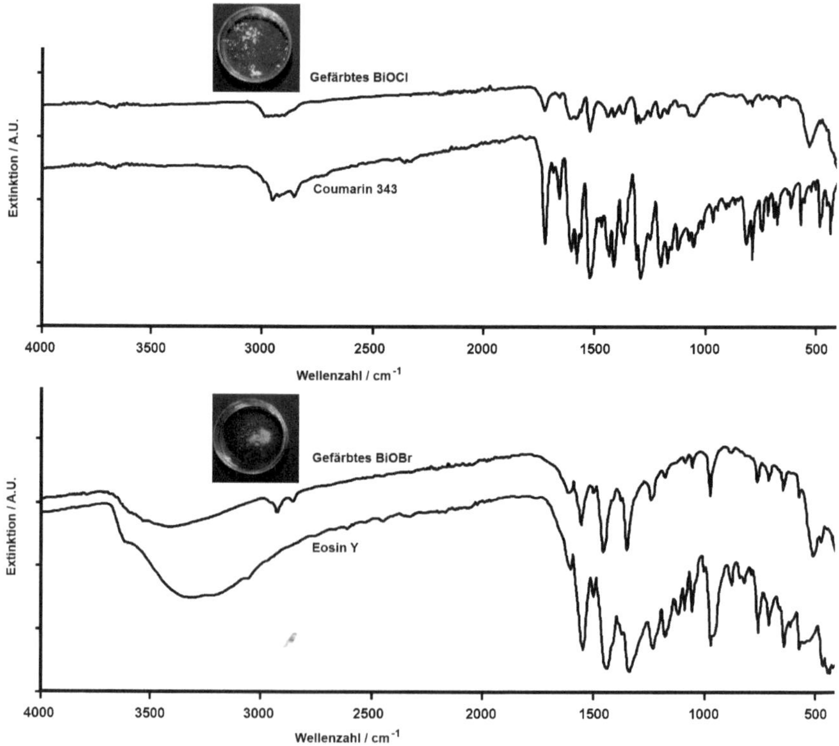

Abbildung 53: IR-Spektren von gefärbten BiOCl- und BiOBr-Partikeln mit Spektren der reinen Farbstoffe zum Vergleich.

Für den Bau von Farbstoffsolarzellen wurde eine Anleitung für Titandioxid-Zellen entsprechend modifiziert [104]. Es wird eine Suspension von zehn Gewichtsprozent der in Kapitel 4.2.2 beschriebenen Nanopartikel in 2-Propanol beziehungsweise Toluol (aufkonzentrierte Produktsuspension) genutzt. Vor Verwendung werden kommerziell erhältliche ITO-Platten (ITO auf Floatglas, $\geq 10\ \Omega$/sq, Präzisions Glas & Optik, Isarlohn) durch 15-minütige Ultraschallbehandlung in 2-Propanol gereinigt und anschließend für 30 min auf 400 °C unter Luft erhitzt. Um definierte Schichtdicken für die Nanopartikelschicht zu erhalten, wird eine ITO-Platte mit zwei Lagen Scotch® Magic™ Tape abgeklebt, die Nanopartikelsuspension mit Hilfe einer Rasierklinge aufgerakelt und das Lösungsmittel bei Raumtemperatur

verdampfen lassen. Das Tape wird entfernt und die erhaltene, zunächst lockere Partikelschicht 30 min gesintert. Um eine Zersetzung der unterschiedlich temperaturstabilen Bismutoxidhalogenide zu vermeiden, sind unterschiedliche Sintertemperaturen nötig. BiOCl kann bei 400 °C unter Luft gesintert werden, BiOBr erfordert eine Reduktion der Temperatur auf 300 °C und BiOI kann nur bei 300 °C unter Stickstoff und Ioddampf durch in Schiffchen hinzugegebene Iodkristalle gesintert werden, ohne dass Reaktion zu Bi_2O_3 eintritt. Direkt nach dem Abkühlen auf ~40 °C wird eine Farbstoffschicht auf die Partikel durch 30-minütiges Eintauchen in eine siedende Lösung des entsprechenden Farbstoffs in 2-Propanol adsorbiert. Die fertigen Halbleiterelektroden werden entweder sofort verwendet oder zum Schutz vor Feuchtigkeit unter Stickstoff aufbewahrt.
Die Gegenelektrode besteht aus aufgesputtertem Platin auf ITO-Platten. Zur Montage wird eine Maske, die auch die endgültige aktive Fläche der Zelle bestimmt, aus Schmelzklebefolie geschnitten und zwischen Halbleiter- und Gegenelektrode gelegt. Durch Erhitzen auf 100 °C unter leichtem Druck schmilzt diese und verbindet beide Elektroden. Die Folie dient auch als 60 µm dicker Abstandshalter, um eine Elektrodenberührung und damit einen Kurzschluss zu verhindern. Die Zelle wird nun mit Elektrolyt (falls nichts anderes angegeben wird: eine wässrige Lösung von 0,6 mol/L KI und 0,03 mol/L I_2) befüllt und anschließend untersucht.

Abbildung 54: Photo einer Farbstoffsolarzelle ohne Elektrolyt.

In Abbildung 54 sieht man beispielhaft eine Farbstoffsolarzelle. Unten befindet sich die gefärbte Halbleiterelektrode, die darauf liegende Gegenelektrode ist durch das aufgesputterte Platin getönt. An der Kontaktfläche sieht man die als quadratische Maske geschnittene Klebefolie. Das Loch oben dient zum Befüllen mit dem Elektrolyten, die Überstände rechts und links zum elektrischen Kontaktieren.

Die Struktur der Halbleiter-Partikelschicht wurde elektronenmikroskopisch untersucht. In Abbildung 55 lässt sich die homogene Auftragung der Schicht erkennen, sowie dass die poröse Struktur durch das Tempern nicht beeinträchtig wurde. Die Schichtdicke wurde zu 2 μm bestimmt.

Abbildung 55: REM-Aufnahme der BiOX-Schicht der Solarzellen in Aufsicht (rechts) und im Querschnitt (links).

Um die erfolgreiche Injektion von Ladungsträgern in die Bandstruktur der Halbleiter zu überprüfen, wurden halbquantitative IPCE-Kurven für die Solarzellen mit Farbstoff und ohne Farbstoff als Referenz aufgenommen (Abbildung 56 bis Abbildung 58).

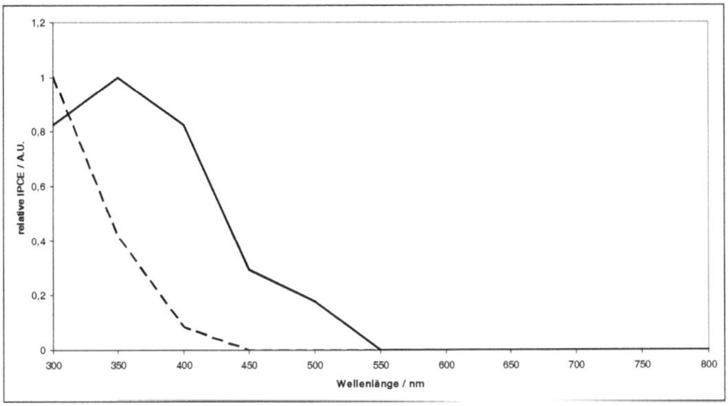

Abbildung 56: IPCE-Kurven für ungefärbtes BiOCl (gestrichelt) und mit Coumarin 343 (durchgezogen).

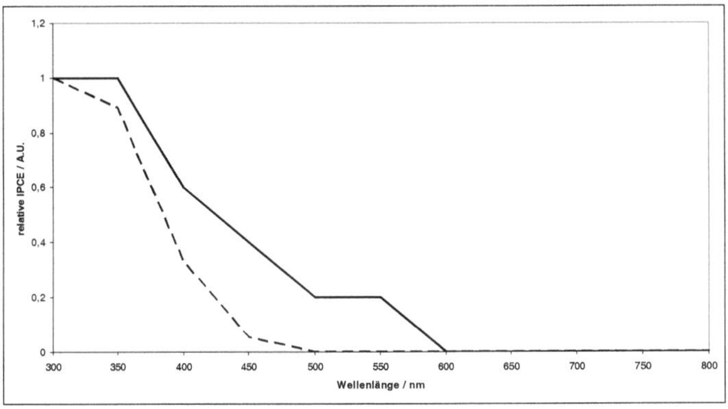

Abbildung 57: IPCE-Kurven für ungefärbtes BiOBr (gestrichelt) und mit Eosin Y (durchgezogen).

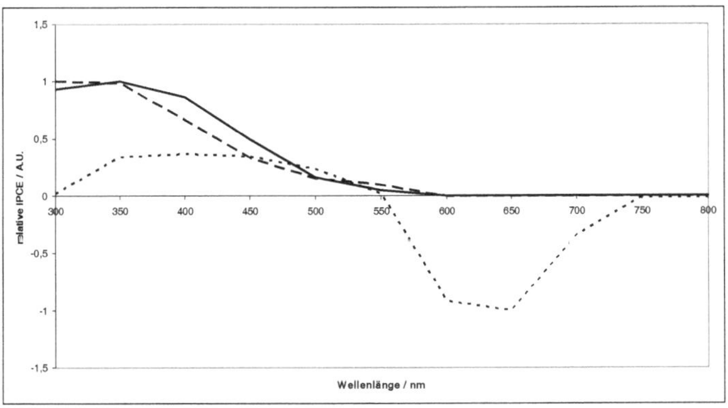

Abbildung 58: IPCE-Kurven für ungefärbtes BiOI (gestrichelt) und mit Erythrosin B (gepunktet) sowie Eosin Y (durchgezogen).

Gut ist in den Kurven für die ungefärbten Halbleiter zu erkennen, dass die Partikel, wie von Poznyak *et al.* berichtet, ohne Farbstoff als photoelektrochemische p-Zelle arbeiten [22]. Die von BiOCl zu BiOI kleiner werdende Bandlücke ist anhand der zunehmenden Sensibilität für größere Wellenlängen erkennbar. Für BiOCl mit Coumarin 343 und BiOBr mit Eosin Y erweitert der Farbstoff die Sensibilität des Halbleiters zu größeren Wellenlängen; damit ist die Injektion von Löchern ins Halbleitermaterial durch den Farbstoff belegt.

Da BiOI schon inhärent bis 550 nm eine Photoreaktion zeigt, konnte Eosin Y den Wellenlängenbereich nicht erweitern. Aus diesem Grund wird BiOI auch hier nicht weiter untersucht. Für Erythrosin B auf BiOI konnte sogar eine Injektion von Elektronen ins Leitungsband, erkennbar an der in der Abbildung negativen IPCE-Kurve zwischen 550 und 700 nm, festgestellt werden. Damit arbeitet die Halbleiter-Photoreaktion nach dem Prinzip einer *p*-Zelle, und die Farbstoff-Photoreaktion als *n*-Zelle, was in der Summe zu einem Kurzschluss der entstehenden Ströme führt.

Die kompletten Solarzellen wurden mit J-U-Kurven unter simuliertem Sonnenlicht charakterisiert (Abbildung 59 und Abbildung 60). Für die BiOCl-Zelle mit Coumarin 343 ist sehr schön der Verlauf der Kennlinie entsprechend einer Diode zu erkennen; dem entspricht ein Füllfaktor von 40,6 %. Die Leerlaufspannung ist für die BiOCl-Zelle mit 120 mV geringfügig größer als die Literaturwerte für NiO und Coumarin 343 mit 113 mV, was für ein tiefer liegendes Quasi-Ferminiveau von BiOCl sprechen würde. Jedoch lässt die Kurzschluss-Stromdichte mit 57 $\mu A/cm^2$ noch Raum für Verbesserung. Die photovoltaische Konversionseffizienz errechnet sich mit diesen Werten zu 0,00275 %.

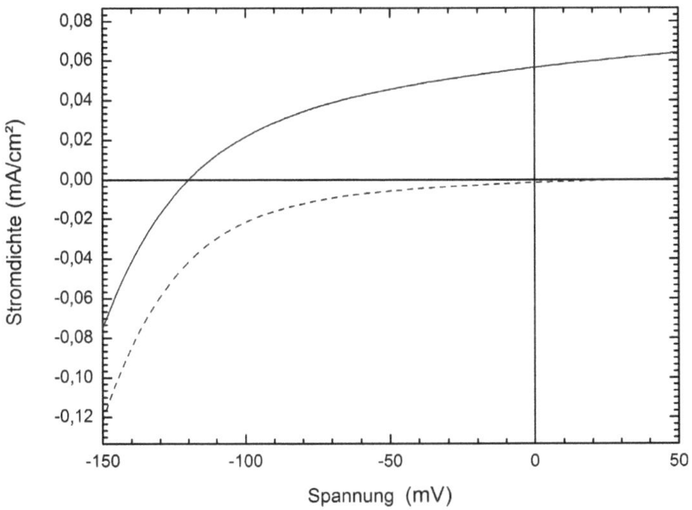

Abbildung 59: J-U-Kurven für die BiOCl-Solarzelle unter AM1.5 (durchgezogen) und Dunkelkurve (gestrichelt).

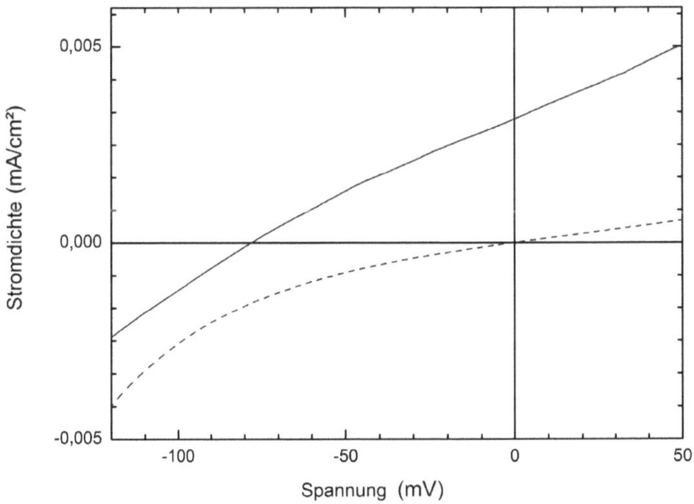

Abbildung 60: J-U-Kurven für die BiOBr-Solarzelle mit Polybromid-Elektrolyt unter AM1.5 (durchgezogen) und Dunkelkurve (gestrichelt).

Die Kennlinie der BiOBr-Solarzelle mit dem Polybromid-Elektrolyt liegt mit einer Leerlaufspannung von 78 mV und einer Kurzschluss-Stromdichte von 3,1 µA/cm^2 unter der von der BiOCl-Zelle. Ein hoher Innenwiderstand der Solarzelle wäre eine Erklärung für diese geringen Werte. Mit einem Füllfaktor von 28,6 % ergibt sich eine photovoltaische Konversionseffizienz von $3{,}91 \cdot 10^{-5}$ % für diese Zelle. Damit wurde erstmals die generelle Eignung von Polybromiden als Elektrolyt in Farbstoffsolarzellen demonstriert.

Die Untersuchungen der Bismutoxidhalogenid-basierenden Farbstoffsolarzellen zeigen, dass Bismutoxidiodid eine zu kleine Bandlücke besitzt, um sinnvoll mit Farbstoffen funktionalisiert werden zu können. Bismutoxidbromid und Bismutoxidchlorid konnten dagegen erfolgreich mit Farbstoffen funktiontionalisiert werden, die die Lichtanregung in die *p*-Halbleiter übertragen konnten. Eine Farbstoffsolarzelle mit Bismutoxidchlorid als Halbleiter und Coumarin 343 als Farbstoff erreichte eine relativ hohe Leerlaufspannung von 113 mV. Dies deutet auf eine tief liegende Fermi-Kante von Bismutoxidchlorid hin, was das Material für weitere Untersuchungen in *p*-Farbstoffsolarzellen interessant macht.
Eine Farbstoffsolarzelle mit der Ionischen Flüssigkeit $[C_4MPyr]_2[Br_{20}]/[C_{10}MPyr][OTf]$ als Elektrolyt, Bismutoxidbromid als Halbleiter und Eosin Y als Farbstoff wurde untersucht. Die Ionische Flüssigkeit enthält ein dreidimensionales Netzwerk aus Polybromid, welches die Ladung transportieren kann. Das größere Redoxpotential der Bromide, verglichen mit dem der Iodide, würde eine größere Zellenspannung der Farbstoffsolarzellen zulassen. Die prinzipielle Eignung des Polybromids als Elektrolyt einer Farbstoffsolarzelle konnte gezeigt werden, jedoch sind noch Optimierungen des Farbstoffs und gegebenenfalls des Halbleiter nötig, um die höhere theoretische Spannung auch tatsächlich auszunutzen.

5. Zusammenfassung

Im Rahmen dieser Arbeit wurde mit der UV-Belichtung der Hauptgruppenmetallhalogenide in Gegenwart eines Radikalfängers eine neue Synthesemethode für nano- und mesoskalige Elementpartikel eingeführt. Durch die Darstellung von Partikeln aus elementarem Pb (kristallin, d_{hyd}=240 nm), As (amorph, d_{hyd}=33 nm), Sb (amorph, d_{hyd}=230 nm), Bi (kristallin, d_{hyd}=110 nm), Se (direkt nach der Synthese rot, amorph, d_{hyd}=1,2 µm; nach Wärmebehandlung schwarz, kristallin, d_{hyd}=1,2 µm) und Te (kristallin, d_{hyd}=190 nm) konnte sie als flexible Methode für Hauptgruppenelemente bestätigt werden. Zudem konnten mit den Beispielsverbindungen SbBi (kristallin, d_{hyd}=330 nm) und Bi_4Te_3 (kristallin nach Wärmebehandlung, d_{hyd}=670 nm) zwei bekannte thermoelektrische Werkstoffe hergestellt werden. Die Übertragbarkeit des Konzepts der Oberflächenstabilisatoren aus thermischen Präzipitationsmethoden auf diese Methode wurde anhand je eines Beispiels für Metalle und Nichtmetalle gezeigt: Bismutpartikel konnten mithilfe des koordinierenden Stabilisators PVP in der Größe von 4 nm, und Selenpartikel konnten durch den kovalent bindenden Stabilisator Mercaptoessigsäure in der Größe von 290 nm dargestellt werden.

Da diese Methode ausschließlich einfach und günstig erhältliche Basischemikalien verwendet, kann sie kommerziell von Interesse sein. Eine einfache Konzentration der erhaltenen Partikel mittels Phasentransfer in eine Ölphase ist ebenfalls möglich, wie erste erfolgreiche Untersuchungen zum Phasentransfer an Bismutpartikeln zeigten.

Der zugrunde liegende Reaktionsmechanismus der Photoreduktion am Beispiel der Bismut(III)halogenide wurde durch Polymerisationsexperimente als ein LMCT-Übergang bestimmt, welcher zu der Reaktion: $Bi^{+III}X_3 \longrightarrow Bi^{+II}X_2 + X\cdot$ führt. Werden die freiwerdende Radikale $X\cdot$ durch Radikalfänger gebunden, so disproportionieren die Bi^{2+}-Ionen zu elementarem

Bismut und stabilen Bi^{3+}-Ionen. Anderenfalls erfolgt die Rekombination der Bi^{2+}-Ionen und der Halogenradikale. Damit konnten die spektroskopischen Untersuchungen von Oldenburg *et al.* [61] experimentell bestätigt werden.
Als Nebeneffekt wurde bei diesen Polymerisationsexperimenten mit $BiBr_3$ der bis jetzt einzige Radikalinitiator für die radikalische Polymerisation gefunden, der synthetisch wertvolle Bromid-Endgruppen an die Polymerkette überträgt.

Weiterhin wurde der Einsatz der Bismutoxidhalogenide BiOCl, BiOBr und BiOI in Farbstoffsolarzellen vom *p*-Typ untersucht. Um geeignete Bismutoxidhalogenid-Nanopartikel für den Einsatz in einer Farbstoffsolarzelle zu erhalten, wurde eine flexible Synthese entwickelt, die eine Herstellung aller drei Verbindungen in nanoskaliger Form erlaubt. Die Synthese beruht auf einem Phasentransfer der ausfallenden Partikeln aus der wässrigen Phase in eine Ölphase. So werden weiteres Wachstum und Agglomeration verhindert und die Abtrennung der Partikel von überschüssigen Edukten und Nebenprodukten erleichtert. Alle drei Verbindungen wurden kristallin und mit vergleichbaren Partikelgrößen von rund 180 x 180 x 20 nm in Form von Plättchen erhalten. Die Analyse der Pulverdiffraktogramme ergab, dass ihre kristallographische *c*-Achse senkrecht zur Plättchenebene orientiert ist. Für die BiOI-Partikel wurde mittels UV/Vis-Spektroskopie eine größere Bandlücke von 2,00 eV verglichen mit *bulk*-BiOI (1,83 eV) gemessen, was auf den Größenquantisierungeffekt in Richtung der kristallographischen *c*-Achse zurückzuführen ist. Um die Oberfläche der Partikel frei von Stabilisatoren und damit bereit für die Adsorption des Solarzellen-Farbstoffs zu machen, wurde ein Ligandenaustausch der Stabilisatoren gegen Hydrazin vorgenommen, welches sich leicht thermisch zersetzen lässt und dabei die Oberfläche adsorbatfrei hinterlässt.
Die Untersuchung der externen Quanteneffizienz von Test-Solarzellen mit BiOI zeigt, dass die Lichtabsorption dieses Halbleiters aufgrund seines kleinen Bandabstands mit der Absorption der Farbstoffe überlappt. BiOCl und BiOBr

konnten jedoch erfolgreich mit Farbstoffen für längerwelliges Licht sensibilisiert werden. Unter Verwendung von BiOCl als Halbleiterpartikel, Coumarin 343 als Farbstoff und Iodid-Triiodid als Redoxsystem wurde eine Zelle gebaut, deren Leerlaufspannung mit 120 mV geringfügig größer war als die einer entsprechenden Nickel(II)oxid-Zelle (113 mV). Es wurde ein guter Füllfaktor von 40,6% bei einer relativ kleinen Kurzschluss-Stromdichte von 57 $\mu A/cm^2$ erreicht. Damit konnte die Erwartung bestätigt werden, dass aufgrund des elektronegativen Halogenids in BiOCl dessen Fermi-Kante unter derjenigen von Nickel(II)oxid liegt.

Polybromide als Redoxsystem würden aufgrund ihres Redoxpotentials eine höhere Spannung von Farbstoffsolarzellen erlauben und wurden bisher noch nicht in diesem Zusammenhang untersucht. Aus BiOBr-Halbleiterpartikeln und Eosin Y als Farbstoff wurde eine Zelle gebaut, die auf Resistenz gegen Bromierung ausgelegt ist. Diese wurde mit der ionischen Flüssigkeit $[C_4MPyr]_2[Br_{20}]/[C_{10}MPyr][OTf]$ als Redoxelektrolyt gefüllt, die ein 3D-Netzwerk aus einem Polybromid enthält. Sowohl die Leerlaufspannung mit 78 mV als auch die Kurzschluss-Stromdichte mit 3,1 $\mu A/cm^2$ dieser Zelle waren geringer als die der oben genannten Zelle, dies kann aber durch einen hohen Innenwiderstand verursacht werden. Die Eignung von Polybromid-Netzwerken als Redoxelektrolyt in einer Farbstoffsolarzelle wurde damit erstmals belegt.

6. Ausblick

Mit der Photoreduktion der Hauptgruppenhalogeniden wurde eine einfache und flexible Synthesemethode für Element- und Verbindungspartikel gefunden. Durch einen Wechsel von wasserbasierten auf Lösemittel mit weiterem Redoxfenster könnte diese Methode auf Hauptgruppenelemente mit negativer Redoxpotiential wie beispielsweise Zinn, Indium oder sogar Gallium ausgedehnt werden. In aprotischen Lösungsmitteln kann auch Phosphor(III)chlorid unzersetzt gelöst werden, so dass elementarer Phosphor abgeschieden werden könnte.

Es bietet sich an, die Eignung der Methode für Nebengruppenelemente zu überprüfen. Die Reduktion von Silberhalogeniden durch Licht wird bei der klassischen Photographie ausgenutzt. Auch für Goldhalogenide wurde schon eine Photoreduktion zum Element beobachtet [105], und für Eisen(III)chlorid findet man die Reduktion zu Eisen(II)chlorid unter Lichteinwirkung [106]. Eine systematische Untersuchung der Photoreduktion der Hauptgruppenhalogenide und eventuell –pseudohalogenide steht hingegen noch aus.

Mit der Darstellung von SbBi- und Bi_4Te_3-Partikeln gelang die Synthese von nanostrukturierten Thermoelektrika. Die Synthese von größeren Mengen dieser Substanzen, um ihre thermoelektrischen Eigenschaften zu charakterisieren, steht noch aus. Ebenfalls kann die Synthese weiterer Thermoelektrika wie beispielsweise $PbTe_2$ in nanostrukturierter Form mit dieser Methode untersucht werden.

Um die einfache Synthese mit einer einfachen Aufarbeitung zu kombinieren, bietet es sich an, die ersten erfolgreichen Versuche zum Phasentransfer der erhaltenen Partikel weiterzuentwickeln. Mittels einer geeigneten Ölphase und geeigneter Stabilisatoren können die Partikel so in einem kleineren Lösungsmittelvolumen konzentriert werden. Die Verbindung, die beim Phasentransfer der Bismutpartikel in Toluol erhalten wurde, wurde noch nicht vollständig charakterisiert. Es ist noch zu untersuchen, ob so ein Einstieg in die Organobismutchemie möglich ist.

Eine BiOCl-basierte Farbstoffsolarzelle konnte vergleichbare oder bessere Werte wie Zellen aus dem Refenzmaterial Nickel(II)oxid erreichen. Nun bietet es sich an, literaturbekannte Konzepte zur Verbesserung der Leerlaufspannung, der Kurzschluss-Stromdichte, des Füllfaktors und damit der Konversionseffizienz anzuwenden. Am wirkungsvollsten dürfte der Austausch des gelben Farbstoffs Coumarin 343 gegen für das System optimierte *Push-Pull*-Farbstoffe sein, der auch längerwelliges Licht zu absorbieren vermag [107, 108]. Auch das Anbringen von mehrlagigen Halbleiterschichten [91] oder einer Streuschicht nach der aktiven Schicht [109] sind möglich. Mit einer genügend ausgereiften Farbstoffsolarzelle vom *p*-Typ kann dann auch die Kombination mit einer Zelle vom *n*-Typ basierend auf Titandioxid vorgenommen werden, um eine Tandemzelle zu erhalten.
Ebenfalls interessant wäre der Versuch, mit BiOF oder $BiOCl_{0,5}F_{0,5}$ einen Halbleiter mit noch tiefer liegender Fermi-Kante zu synthetisieren, um die mögliche Leerlaufspannung mit dem Iodid-Triiodid-System weiter zu erhöhen.
Mit dem Einsatz der ionischen Flüssigkeit $[C_4MPyr]_2[Br_{20}]/[C_{10}MPyr][OTf]$ in einer Farbstoffsolarzelle aus BiOBr und Eosin Y wurde die Eignung von Polybromiden als Redoxelektrolyt gezeigt. Auch hier kann der verwendete Farbstoff Eosin Y gegen einen optimierten Farbstoff ausgetauscht werden, der das hohe Redoxpotential des Polybromids auch ausnutzen kann. Für die weitere Untersuchung der Polybromide sind Leitfähigkeitsmessungen der ionischen Flüssigkeit oder ihrer Lösungen von Interesse.

Abkürzungsverzeichnis

Å	Ångstrom (Einheit der Länge, 1 Å = 10^{-10} m)
BET-Isotherme	Gasadsorptionsisotherme nach Brunauer, Emmett und Teller
BSE-Detektor	Rückstreuelektronendetektor (engl. BackScattering Electron-detector)
C_{10}MPyr	N-Decyl-N-methylpyrrolidinium
C_4MPyr	N-Butyl-N-methylpyrrolidinium
d_{hyd}	hydrodynamischer Durchmesser
DEG	Diethylenglykol
DSSC	Farbstoffsolarzelle (engl. Dye-Sensitized Solar Cell)
DTA/TG	Differential-Thermoanalyse mit gleichzeitiger Thermogravimetrie
EDX	energiedispersive Röntgenspektrokopie (engl. Energy Dispersive X-Ray spectroscopy)
et al.	und andere (Autoren) (lat.: et alia)
eV	Elektronenvolt (Einheit der Energie, 1 eV = $1{,}6022\cdot 10^{-19}$ J)
ESEM	Rasterelektronenmikroskop mit partieller Gasfüllung des Probenraums (engl. Environmental Scanning Electron Microscope)
FESEM	Rasterelektronenmikroskop mit Feldemissionskathode (engl.: Field Emission Scanning Electron Microscope)
GPC	Gel-Permeations-Chromatographie
HOMO	Das höchste besetzte Molekülorbital (engl: Highest Occupied Molecular Orbital)
IPCE	Externe Quanteneffizienz von Solarzellen (engl.: Incident-Photon-to-electron Conversion Efficiency)

IR	Infrarot
K	Kelvin (Einheit der Temperatur)
kDa	Kilodalton (Einheit der Masse, 1 kDa = $1{,}66\cdot 10^{-24}$ kg)
kV	Kilovolt (Einheit der elektrischen Spannung, 1 kV = 1000 V)
L	Liter (Einheit des Volumens, 1 L = 0,001 m^3)
LMCT	Ligand-zu-Metall-Charge-Transfer-Übergang (engl. Ligand-to-Metal-Charge-Transfer)
LUMO	Das niedrigste unbesetzte Molekülorbital (engl. Lowest Unoccupied Molecular Orbital)
m	Meter (Basiseinheit der Länge)
mg	Milligramm (Einheit der Masse, 1 mg = 10^{-6} kg)
min	Minute (Einheit der Zeit, 1 min = 60 s)
mL	Milliliter (Einheit des Volumens, 1 mL = 0,001 L)
M_n	Zahlenmittel der Molmasse
mmol	Millimol (Einheit der Stoffmenge, 1 mmol = 0,001 mol)
nm	Nanometer (Einheit der Länge, 1 nm = 10^{-9} m)
NMR	Kernspinresonanz (engl. Nuclear Magnetic Resonance)
OTf	Trifluormethansulfonat
p.a.	für die Analyse (Reinheitsangabe) (lat. pro analysi)
ppm	Teile einer Million, entspricht 10^{-6} (engl. parts per million)
PVP	Polyvinylpyrrolidon
REM	Rasterelektronenmikroskop
s	Sekunde (Basiseinheit der Zeit)
SEC	Größenausschluss-Chromatographie (engl. Size Exclusion Chromatography)

SILAR	aufeinanderfolgende Ionenschicht-Adsorption und -Reaktion (engl. Successive Ionic Layer Adsorpion and Reaction)
STC	Standard-Testbedingungen für Solarzellen (engl. Standard Test Conditions)
STEM	Rasternde Transmissionselektronenmikroskopie (engl. Scanning Transmission Electron Microscopy)
TCO	Transparente Leitfähige Oxide (engl. Transparent Conductive Oxides)
TEM	Transmissionselektronenmikroskop
THF	Tetrahydrofuran
TOP	Trioctylphosphin
TOPO	Trioctylphosphinoxid
U	Umdrehungen
µm	Mikrometer (Einheit der Länge, 1 µm = 10^{-6} m
UV/Vis-Spektroskopie	Spetroskopie im Bereich des Ultravioletten bis Sichtbaren Lichts
W	Watt (Basiseinheit der Leistung)
X	Beliebiges Halogen (hier: Cl, Br, I)
z.S.	Zur Synthese (Reinheitsbezeichnung)

Gleichungsverzeichnis

Gleichung 1: Bragg-Gleichung (Seite 28)

Gleichung 2: Scherrer-Gleichung (Seite 31)

Gleichung 3: Stokes-Einstein-Beziehung (Seite 35)

Abbildungsverzeichnis

Abbildung 1: Zeitlicher Verlauf von Keimbildung und -wachstum nach LaMer (Seite 9)

Abbildung 2: Schematischer Querschnitt einer Farbstoffsolarzelle. (Seite 12)

Abbildung 3: Schematische Lage der Energieniveaus in einer Farbstoffsolarzelle (*n*-Typ). (Seite 13)

Abbildung 4: Schematische Lage der Energieniveaus in einer Farbstoffsolarzelle (*p*-Typ). (Seite 15)

Abbildung 5: Schematische Lage der Energieniveaus in einer Tandem-Farbstoffsolarzelle. (Seite 16)

Abbildung 6: Photo und Skizze des verwendeten UV-Laborreaktors. (Seite 18)

Abbildung 7: Spektrum der im UV-Reaktor verwendeten Hg-Mitteldrucklampe. (Seite 19)

Abbildung 8: Schematischer Aufbau eines Rasterelektronenmikroskops. (Seite 21)

Abbildung 9: Skizze zu den möglichen Wechselwirkungen des Primärstrahls eines Elektronenmikroskops mit der Probe. (Seite 24)

Abbildung 10: Skizze zur erhöhten Sekundärelektronenemission an Kanten (Topographiekontrast). (Seite 25)

Abbildung 11: Skizze zum verringerten Wechselwirkungsvolumen bei Untersuchung dünner Proben in Transmission. (Seite 27)

Abbildung 12: Skizze zum Gangunterschied zweier paralleler Röntgenstrahlen. (Seite 30)

Abbildung 13: Skizze zur Röntgenbeugung an Pulverproben nach der Debye-Scherrer-Geometrie. (Seite 31)

Abbildung 14: Schematischer Aufbau eines UV/VIS-Spektrometers. (Seite 33)

Abbildung 15: Skizze eines Infrarotspektrometers mit Michelson-Interferometer. (Seite 35)

Abbildung 16: Sonnenspektrum nach Durchquerung von 1,5 Luftmassen (AM1.5 Spektrum). (Seite 41)

Abbildung 17: REM-Aufnahmen von unstabilisierten Bismutpartikeln (oben) und STEM-Aufnahmen von PVP-stabilisierten Bismutpartikeln. (Seite 49)

Abbildung 18: DLS-Untersuchung der DEG-Suspensionen der unstabilisierten Bismutpartikel und der PVP-stabilisierten Bismutpartikel . (Seite 50)

Abbildung 19: Pulverdiffraktogramm von Bismutpartikeln ohne Stabilisator. (Seite 51)

Abbildung 20: Strukturformel von Polyvinylpyrrolidon (PVP). (Seite 52)

Abbildung 21: DLS-Analyse der DEG-Suspensionen von unstabilisierten Elementpartikeln von Antimon, Blei, Tellur und Arsen. (Seite 54)

Abbildung 22: REM-Aufnahmen der unstabilisierten Elementpartikel von Antimon, Arsen, Blei und Tellur. (Seite 55)

Abbildung 23: Pulverdiffraktogramme von Blei- und Tellurpartikeln ohne Stabilisator. (Seite 55)

Abbildung 24: Pulverdiffraktogramm von Selenpartikeln ohne Stabilisator nach Erhitzen auf 60 °C. (Seite 56)

Abbildung 25: Periodensystem der Hauptgruppenelemente mit Hervorhebung der untersuchten Elemente mit photochemisch aktiven Halogeniden. (Seite 57)

Abbildung 26: Strukturformel von Mercaptoessigsäure. (Seite 58)

Abbildung 27: REM-Aufnahmen von unstabilisierten Selenpartikeln (oben) und von Mercaptoessigsäure-stabilisierten Selenpartikeln. (Seite 59)

Abbildung 28: DLS-Untersuchung von DEG-Suspensionen der unstabilisierten Selenpartikel und der Mercaptoessigsäure-stabilisierten Selenpartikel. (Seite 59)

Abbildung 29: Pulverdiffraktogramm von SbBi-Legierungspartikeln. (Seite 61)

Abbildung 30: Pulverdiffraktogramm (Ausschnitt) zweier SbBi-Legierungen unterschiedlicher Zusammensetzung (grau: $Sb_{64}Bi_{36}$; schwarz: $Sb_{75}Bi_{25}$). (Seite 61)

Abbildung 31: REM-Aufnahme von SbBi-Legierungspartikeln. (Seite 62)

Abbildung 32: DLS-Analyse der Suspension von SbBi-Legierungspartikeln in DEG. (Seite 62)

Abbildung 33: REM-Aufnahme von Bi_4Te_3-Partikeln. (Seite 63)

Abbildung 34: DLS-Analyse einer Suspension mit Bi_4Te_3-Partikeln in DEG. (Seite 64)

Abbildung 35: Pulverdiffraktogramm von Bi_4Te_3-Partikeln. (Seite 64)

Abbildung 36: Skizze eines modifizierten UV-Reaktors mit Ölabscheider. (Seite 66)

Abbildung 37: Photo des Phasentransfers in Toluol mit der Strukturformel des Stabilisators Oleylamin. (Seite 68)

Abbildung 38: Photo des Phasentransfers in Methylenchlorid und die Strukturformel des Stabilisators Citronensäure. (Seite 69)

Abbildung 39: SEC-Analyse der Größenverteilung von Polystyrol aus Synthesen mit $BiCl_3$ und $BiBr_3$ als Radikalstarter und der Kontrollsynthese ohne Radikalstarter. (Seite 72)

Abbildung 40: ^{1}H-NMR-Spektrum von Polystyrol aus der Umsetzung mit $BiBr_3$ (Seite 73)

Abbildung 41: Photo eines Phasentransfers von BiOI-Nanopartikeln in die Ölphase. (Seite 82)

Abbildung 42: Reaktionsschema zur Oberflächenreinigung von BiOI mit Hydrazin. (Seite 83)

Abbildung 43: IR-Spektren von BiOI-Nanopartikeln mit Vergleichsspektren der verwendeten Stabilisatoren. (Seite 84)

Abbildung 44: REM-Aufnahmen von BiOI-Partikeln. (Seite 85)

Abbildung 45: Pulverdiffraktogramm von BiOI-Nanopartikel und dazugehörige Kristallitgrößen nach der Scherrer-Gleichung mit relativem Winkel zur *c*-Achse (Seite 86)

Abbildung 46: DLS-Analyse einer BiOI-Suspension in DEG. (Seite 87)

Abbildung 47: UV/Vis-Spektrum von nanoskaligem und makroskopischem BiOI mit Photo der Suspensionen in DEG. (Seite 88)

Abbildung 48: REM-Aufnahmen von BiOCl- und BiOBr-Partikeln. (Seite 89)

Abbildung 49: DLS-Analyse von BiOCl- und BiOBr-Suspensionen in DEG. (Seite 89)

Abbildung 50: Pulverdiffraktogramm von BiOCl-Nanopartikeln. (Seite 89)

Abbildung 51: Pulverdiffraktogramm von BiOBr-Partikeln. (Seite 90)

Abbildung 52: Strukturformeln der verwendeten Farbstoffe. (Seite 91)

Abbildung 53: IR-Spektren von gefärbten BiOCl- und BiOBr-Partikeln mit Spektren der reinen Farbstoffe zum Vergleich. (Seite 92)

Abbildung 54: Photo einer Farbstoffsolarzelle ohne Elektrolyt. (Seite 93)

Abbildung 55: REM-Aufnahme der BiOX-Schicht der Solarzellen in Aufsicht und im Querschnitt. (Seite 94)

Abbildung 56: IPCE-Kurven für ungefärbtes BiOCl und mit Coumarin 343. (Seite 95)

Abbildung 57: IPCE-Kurven für ungefärbtes BiOBr und mit Eosin Y. (Seite 95)

Abbildung 58: IPCE-Kurven für ungefärbtes BiOI und mit Erythrosin B sowie Eosin Y. (Seite 95)

Abbildung 59: J-U-Kurven für die BiOCl-Solarzelle unter AM1.5 und Dunkelkurve. (Seite 97)

Abbildung 60: J-U-Kurven für die BiOBr-Solarzelle mit Polybromid-Elektrolyt unter AM1.5 und Dunkelkurve. (Seite 97)

Literaturverzeichnis

[1] J. C. F. Schiller, *Wilhelm Tell*, **1804**, J. G. Cotta'sche Buchhandlung, Tübingen

[2] J. C. F. Schiller, *Was heißt und zu welchem Ende studiert man Universalgeschichte? in: Der Teutsche Merkur*, 4. Band, **1789**, Hrsg. C. M. Wieland; Hoffmann, Weimar

[3] J.-M. Lehn, *Supramolecular Chemistry: Concepts and Perspectives*, **1995**, Wiley-VCH, Weinheim,

[4] G. Jander, *Einführung in das anorganisch-chemische Praktikum (einschliesslich der quantitativen Analyse)*, 3. Auflage, **1956**, Hirzel, Stuttgart

[5] V. K. LaMer, R. H. Dinegar, *J. Am. Chem. Soc.*, **1950**, *72*, 4847.

6 C. de Mello Donegá, P. Liljeroth, D. Vanmaekelbergh, *Small*, **2005**, *1*, 1152.

[7] J. V. Williams, N. A. Kotov, P. E. Savage, *Ind. Eng. Chem. Res*, **2009**, *48*, 4316.

[8] D. A. J. Merman, P. Ferguson, S. Cheong, I. F. Hermans, B. J. Ruck, K. M. Allan, S. Prabakar, J. L. Spencer, C. D. Lendrum, R. D. Tilley, *Chem. Comm.*, **2011**, *47*, 9221.

[9] H. Wei, W. Guo, Y. Sun, Z. Yang, Y. Zhang, *Materials Letters*, **2010**, *64*, 1424.

[10] J. V. I. Timonen, E. T. Seppälä, O. Ikkala, R. H. A. Ras, *Angew. Chem. Int. Ed.*, **2011**, *50*, 2080.

[11] C. B. Murray, D. J. Norris, M. G. Bawendi, *J. Am. Chem. Soc.*, **1993**, *115*, 8706.

[12] L. Talapin, A. I. Rogach, A. Kornowski, M. Haas, H. Weller, *Nano Letters*, **2001**, *1*, 207.

[13] F. Fièvet, J.P. Lagier, M. Figlarz, *MRS Bulletin*, **1989**, *14*, 29.

[14] J. Park, J. Joo, S.G. Kwon, Y. Jang, T. Hyeon, *Angewandte Chemie*, **2007**, *119*, 4717.

[15] C. Feldmann, H.-O. Jungk, *Angewandte Chemie International Edition*, **2001**, *40*, 359.

[16] C. Feldmann, Advanced Functional Materials, **2003**, 13, 101.

[17] T. Laue, A. Plagens, *Namens- und Schlagwortreaktionen der organischen Chemie*, 2. Auflage, **1995**, Teubner, Stuttgart

[18] B. O'Regan, M. Grätzel, Nature, **1991**, 335, 737.

[19] S. Ito, T. N. Murakami, P. Comte, P. Liska, C. Grätzel, M.K. Nazeeruddin, M. Grätzel, *Thin Solid Films*, **2008**, *516*, 4613.

[20] O. Schultz, R. Preu, S.W. Glunz, A. Mette, *Contribution at the 22nd European Photovoltaic Solar Energy Conference and Exhibition*, **2007** http://www.ise.fraunhofer.de/veroeffentlichungen/konferenzbeitraege/2007/, Aufruf am 22.10.2011

[21] A. Hagfeldt, G. Boschloo, L. Sun, L. Kloo, H. Petterson, *Chem. Rev.*, **2010**, *110*, 6593.

[22] S.K. Poznyak, A.I. Kulak, *Electrochimica Acta*, **1990**, *55*, 1941.

[23] N. Wiberg, *Lehrbuch der Anorganischen Chemie*, 102. Auflage **2007**, Walter de Gruyter & Co., Berlin

[24] G. Wedler, *Lehrbuch der physikalischen Chemie*, 4. Auflage **1997**, Wiley-VCH, Weinheim

[25] H. J. Snaith, A. J. Moule, C. Klein, K. Meerholz, R. H. Friend, M. Grätzel, *Nano Lett.*, **2007**, *7*, 3372.

[26] *Spectrum Hg without ozone*, UV Consulting Peschl e.K., Mainz, http://www.uv-consulting.de; Aufruf am 23.09.2011

[27] *Handbuch für die Rastelektronenmikroskope SUPRA(VP) und ULTRA*, **2005**, Zeiss AG, Oberkochen

[28] S. L. Flegler, *Elektronenmikroskopie: Grundlagen – Methoden – Anwendungen*, **1995**, Spektrum Akademischer Verlag, Heidelberg

[29] N. Yao, Z. L. Wang (Hrsg.), *Handbook of Microscopy for Nanotechnology*, **2005**, Springer Science+Business Media, New York, USA

[30] Scandium, Version 5.0 Build 1080, Olympos Soft Imaging Solutions GmbH, Münster

[31] *Lehrgangsunterlagen R-2*, Akademie für Elektronenmikroskopie und Analytik gemeinnützige GmbH, Münster

[32] A. J. Garratt-Reed, *Energy-dispersive X-ray analysis in the electron microscope*, 1th Edition **2003**, Oxford

[33] W. Massa, *Kristallstrukturbestimmung*, **2002**, Teubner, Stuttgart

[34] P. Scherrer, K. Ges. Wiss. Göttingen Math. Phys. Kl.,**1918**, 98.

[35] P. A. Tipler, *Physik*, **2000**, Spektrum Akademischer Verlag, Heidelberg

[36] M. Hesse, H. Meier, B. Zeeh, *Spectroscopic Method in Organic Chemistry*, Thieme, **2008**, Stuttgart

[37] H. Günzler, *IR-Spektroskopie*, **2003**, Wiley-VCH, Weinheim

[38] H.-D. Dörfler, *Grenzflächen und kolloid-disperse Systeme: Physik und Chemie*, **2002**, Springer, Berlin

[39] B. J. Berne, P. Pecora, *Dynamic Light Scattering*, **1976**, Wiley, New York

[40] H. Friebolin, *Basic one- and two-dimensional NMR spectroscopy*, 5th Edition **2011**, Wiley-VCH, Weinheim

[41] W. F. Hemminger, H. K. Cammenga, *Methoden der Thermischen Analyse*, **1989,** Springer, Berlin

[42] S. Brunauer, P. H. Emmett, E. Teller, *J. Am. Chem. Soc.*, **1938**, *60*, 309.

[43] G. Schwedt, *Analytische Chemie*, 2. Auflage, **2008**, Wiley-VCH, Weinheim

[44] International Electrotechnical Commission (IEC) 60904-3 ed2.0 (04/2008)

[45] American Society for Testing and Materials, ASTM 173-03, 2003

[46] International Organisation for Standardization ISO 9845-1:1992

[47] P. Würfel, U. Würfel, *Physics of Solar Cells*, 2nd Edition, **2008**, Wiley-VCH, Weinheim

[48] M. D. Lechner, K. Gehrke, E. H. Nordmeier, *Makromolekulare Chemie*, 4. Auflage, **2009**, Birkhäuser, Basel

[49] M. J. Langford, *Grundlagen der Fotografie*, 8. Auflage, **2008**, Spektrum Akad. Verl., Heidelberg

[50] C. K. King'ondu, A. Iyer, E. C. Njagi, N. Opembe, H. Genuino, H. Huang, R. A. Ristau, S. L. Suib, *J. Am. Chem. Soc.* **2011**, *133*, 4186.

[51] N. L. Pacioni, A. Pardoe, K. L. McGilvray, M. N. Chrétien, J. C. Scaiano, *Photochem. Photobiol. Sci.* **2010**, *9*, 766.

[52] K. L. McGilvray, M. R. Decan, D. Wang, J. C. Scaiano, *J. Am. Chem. Soc.* **2006**, *128*, 15980.

[53] R. G. W. Norrish, F. W. Kirkbride., *J. Chem. Soc.*, **1932**, 1518.

[54] J. M. Zhu, Y. H. Shen, A. J. Xie, L. G. Qiu, Q. Zhang, X. Y. Zhang, *J. Phys. Chem. C*, **2007**, *111*, 7629.

[55] Y. Wen, X. Jiang, G. Yin, J. Yin, *Chem. Commun.*, **2009**, 6595.

[56] S. C. Warren, A. C. Jackson, Z. D. Cater-Cyker, F. J. DiSalvo, U. Wiesner, *J. Am. Chem. Soc.* **2007**, *129*, 10072.

[57] K. Soulantica, A. Maisonnat, M.-C. Fromen, M.-J. Casanove, B. Chaudret, *Angew. Chem. Int. Ed.*, **2003**, *42*, 1945.

[58] R. Benoit, M.-L. Saboungi, M. Tréguer-Delapierre, B. H. Milosavljevic, D. Meisel, *Phys. Chem. A*, **2007**, *111*, 10640.

[59] R. Benoit, M.-L. Saboungi, M. Tréguer-Delapierre, *Eur. Phys. J. D*, **2003**, *24*, 123.

[60] K. Oldenburg, A. Vogler, I. Mikó, O. Horváth, *Inorg. Chim. Acta*, **1996**, *248*, 107.

[61] K. Oldenburg, A. Vogler, *J. Organomet. Chem.* **1996**, *515*, 245.

[62] P. P. Power, *Chem. Rev.*, **2003**, *103*, 759.

[63] M. F. Lappert, P.W. Lednor, *Adv. Organomet. Chem.* **1976**, *14*, 345.

[64] M. J. S. Gynane, M. F. Lappert, P. Rivière, M. Rivière-Baudet, *J. Organomet. Chem.* **1977**, *142*, C9.

[65] M. J. S. Gynane, M. F. Lappert, P. I. Riley, P. Rivière, M. Rivière-Baudet, *J. Organomet. Chem.*, **1980**, *202*, 5.

[66] M. J. S. Gynane, A. Hudson, M. F. Lappert, P. P. Power, H. Goldwhite, *Chem. Commun.* **1976**, 623.

[67] J. Henle, S. Kaskel, *J. Mater. Chem.*, **2007**, *17*, 4964.

[68] A. Luz, C. Feldmann, *J. Mater. Chem.* **2009**, *19*, 8107.

[69] A. Luz, Diplomarbeit, Universität Karlsruhe (TH), 2007

[70] A. Göthlich, S. Koltzenburg, G. Schornick, *Chem. Unserer Zeit*, **2005**, *39*, 262.

[71] F. Fischer, S. Bauer, *Chem. Unserer Zeit*, **2009**, *43*, 376.

[72] K. P. C. Vollhardt, N. E. Schore, *Organic Chemistry*, 3th Edition, **1998**, W.H. Freeman and Co., New York

[73] T. Sato, A. Sato, T. Arai, *Colloids Surfaces A: Physicochem. Eng. Aspects*, **1998**, *142*, 117.

[74] C. Kind, C. Feldmann, *Chem. Mater.*, im Druck.

[75] K. Oldenburg, A. Vogler, *Z. Naturforsch.*, **1993**, *48b*, 1519.

[76] W. M. Haynes: *CRC Handbook of Chemistry and Physics.* 91. Auflage, **2010**, Taylor & Francis, London.

[77] S. Cho, Y. Kim, A. DiVenere, G. K. L. Wong, J. B. Ketterson, J. R. Meyer, *J. Appl. Phys.* **2000**, *88*, 808.

[78] R. M. Charles, R. Saravanan, *Powder Tech.*, **2010**, *197*, 159.

[79] W. M. Yim, A. Smith, *Solid-State Electron.*, **1979**, *15*, 1141.

[80] D. M. Rowe (Hrsg.), *Thermoelectric Handbook*, **1995**, Chemical Rubber Company, Boca Raton, USA

[81] L. Vegard, T. Hauge, Zeitschrift für Physik A Hadrons & Nuclei, **1925**, 5, 17.

[82] S. Behrens, H. Bönnemann, N. Matoussevitch, E. Dinjus, H. Modrow, N. Palina, M. Frerichs, V. Kempter, W. Maus-Friedrichs, A. Heinemann, M. Kammel, A. Wiedenmann, *Z. Phys. Chem.*, **2006**, *220*, 3.

[83] R. D. Rieke, *Acc. Chem. Res.*, **1977**, *10*, 301.

[84] D. H. R. Barton, N. Y. Bhutnagar, J.-P. Firet, W. B. Motherwell, *Tetrahedron*, **1986**, *42*, 3111.

[85] R. Wolf, J. Fischer, R. C. Fischer, J. C. Fettinger, P. P. Power, *Eur. J. Inorg. Chem.*, **2008**, 2515.

[86] A. J. Inglis, S. Sinnwell, M. H. Stenzel, C. Barner-Kowollik, *Angew. Chem.*, **2009**, *121*, 2447.

[87] K. Tennakone, S. Punchihewa, W.C.B. Kiridena, U.S. Ketipearachchi, S. Senadeera, *Thin Solid Films*, **1992**, *217*, 129.

[88] K. Wang, F. Jia, X. Zhang, L. Zhang, *Electrochem. Commun.*, **2010**, *12*, 1764.

[89] J. J. He, H. Lindstrom, A. Hagfeldt, S.E. Lindquist, *J. Phys. Chem. B*, **1999**, *103*, 8940.

[90] Y. Mizoguchi, S. Fujihara, *Electrochem. Solid State Lett.*, **2008**, *11*, K78.

[91] L. Li, E. A. Gibson, P. Qin, G. Boschloo, M. Gorlov, A. Hagfeldt, L. Sun, *Adv. Mater.*, **2010**, *22*, 1759.

[92] X. L. Zhang, F. Huang, A. Nattestad, K. Wang, D. Fu, A. Mishra, P. Bäuerle, U. Bach, Y. Cheng, Chem. Commun., 2011, 47, 4808.

[93] A. Luz, C. Feldmann, *Solid State Sciences*, **2011**, *13*, 1017.

[94] J. Henle, P. Simon, A. Frenzel, S. Scholz, S. Kaskel, *Chem. Mater.*, **2007**, *19*, 366.

[95] Y. L. Nicolau, *Appl. Surf. Sci.*, **1985**, *22* 1061.

[96] Z. S. Wang, K. Sayama, H. J. Sugihara, *J. Phys. Chem. B*, **2005**, *109*, 22449.

[97] S. Rani, P. Suri, R. M. Mehru, *Prog. Photovolt.: Res. Appl.*, **2011**, *19*, 180.

[98] M. Wolff, J. Meyer, C. Feldmann, *Angew. Chem.*, **2011**, *123*, 5073.

[99] W. L. Huang, Q. Zhu, *J. Comp. Chem.*, **2008**, *30*, 183.

[100] R. Hoffmann, *Angew. Chem.*, **1987**, *99*, 871.

[101] G. Brauer, *Handbuch der Präparativen Anorganischen Chemie Band III*, **1981**, Ferdinand Enke Verlag, Stuttgart

[102] R.D. Shannon, R.K. Waring, *J. Phys. Chem. Solids*, **1985**, *46*, 325.

[103] X. Zhang, Z. Ai, F. Jia, L. Zhang, *J. Phys. Chem. C*, **2008**, *112*, 747.

[104] *Dye Solar Cells for Real –Assembly Instructions*, SOLARONIX SA, Aubonne, Schweiz www.solaronix.com/documents/dye_solar_cells_for_real.pdf; Aufruf am 30.09.2011

[105] C. Renz, *Helv. Chim. Acta*, **1932**, *15*, 1077.

[106] S. A. Ivanitskaya, A. I Kryukov, *Dopovidi Akademii Nauk Ukrains'koi RSR, Seriya B: Geologiya, Geofizika, Khimiya ta Biologiya*, **1973**, *33*, 820.

[107] P. Qin, H. J. Zhu, T. Edvinsson, G. Boschloo, A. Hagfeldt, L. Sun, *J. Am. Chem. Soc.*, **2008**, *130*, 8570.

[108] P. Qin, M. Linder, T. Brinck, G. Boschloo, A. Hagfeldt, L. Sun, *Adv. Mater.*, **2009**, *21*, 2993.

[109] Z. P. Zhang, S. Ito, B. O'Regan, D. B. Kuang, S. M. Zakeeruddin, P. Liska, R. Charvet, P. Comte, M. K. Nazeeruddin, P. Pechy, R. Humphry-Baker, T. Koyanagi, T. Mizuno, M. Grätzel, *Z. Phys. Chem.*, **2007**, *221*, 319.

Lebenslauf

Persönliches

Name:	Andreas Herbert Luz
Geburtsdatum:	02.11.1980
Geburtsort:	Mühlacker
Staatsangehörigkeit:	Deutsch
Familienstand:	Ledig, keine Kinder

Ausbildung und beruflicher Werdegang

seit 10/2007	**Promotion (Karlsruher Institut für Technologie)** Thema: Wechselwirkungen zwischen Hauptgruppen-verbindungen und Licht: photoinduzierte Element-Nanopartikel und neue Materialien für Farbstoffsolarzellen, AK Prof. Dr. C. Feldmann, Institut für Anorganische Chemie
10/2001 bis 10/2007	**Chemiestudium (Universität Karlsruhe (TH))** Schwerpunkt Anorganische Chemie und Biochemie Diplomarbeitsthema: Synthesen in Diethylenglykol: Bismutoxidhalogenid-Nanopartikel und Reduktion von Metallsalzen in Gegenwart starker Komplexliganden Abschluss als Diplom-Chemiker
07/2000 bis 04/2001	**Wehrdienst** Sanitäter im Mittleren Transporthubschrauberregiment 25 in Laupheim
09/1987 bis 06/2000	**Schulausbildung** Grund- und Hauptschule Silahopp Maulbronn Progymnasium Maulbronn Theodor-Heuss-Gymnasium Mühlacker Schulabschluss: Abitur

Publikationsliste

[1] A. Luz, C. Feldmann, *J. Mater. Chem.*, **2009**, *19*, 8107.

[2] A. Luz, C. Feldmann, Patent DE 102009011389.4

[3] A. Luz, C. Feldmann, *Solid State Sciences*, **2011**, *13*, 1017.

[4] A. Luz, J. Conradt, H. Kalt, C. Feldmann, *in Vorbereitung*

[5] A. Luz, L. Brütsch, A. Malek, C. Feldmann, *in Vorbereitung*

Danksagung

An dieser Stelle möchte ich mich bei allen Personen bedanken, die zum Gelingen dieser Arbeit beigetragen haben.

- Prof. Dr. Feldmann, meinem Doktorvater, möchte ich für das spannende Thema, die hervorragenden Arbeitsbedingungen, die gelassene Freiheit, und die Diskussionsbereitschaft danken.

- Bei vielen Leuten bedanke ich mich nicht nur für die Messungen, sondern auch für die Beratung und Erklärung dazu: Jonas Conradt (Solarzellen); Alicia Malek (Polymere) Dr. Eberhard Matern und Helga Berberich (NMR); Marcus Roming, Marit Mai und Joachim Heck (Fluoreszenzspektrometer, zweckentfremdet); Christian Zurmühl (Adsorptionsmethoden); Peter Leidinger, Silke Wolf und Nure Alam (DTA/TG).

- Mein Dank gilt weiterhin den Teams der Werkstatt, der Glasbläserei und der Chemikalienausgabe für allzeit hilfreiche Hände und kompetente Arbeit.

- Besonders möchte ich mich bei Sarah van den Hazel und Stefan Grabisch für die gemeinsame Zeit und der Hilfe im Labor bedanken.

- Ebenso möchte ich meinen Vertiefungspraktikanten Thomas Kriese, Lennart Brütsch und Christian Schöttle für ihren Beitrag danken, und ihnen viel Glück für die eigene Promotion wünschen!

- Vielen Dank an Angie Pendl und Anette Baust für Alles.

- Für die schöne gemeinsame Zeit, die immer mehr war als "nur Arbeit", danke ich all meinen aktuellen und ehemaligen Kollegen: Nure Alam, Anette Baust, Saskia Becht, Jan Benner, Walter Bensmann, Judith Bräuer, Lennart Brütsch, Daniel Buchold, Silvia Diewald, Hailong Dong, Susanne Ernst, Dominic Freudenmann, Celine Geiges, Stefan Grabisch, Henriette Gröger, Iris Grünbacher, Elin Hammarberg, Sarah van den Hazel, Joachim Heck, David Hess, Helmut Goesmann, Fabian Gyger, Rebecca Kern, Christian Kind, Nicole Klaassen, Ana Kuzmanoski, Peter Leidinger, Sabine Lude, Marit Mai, Susanne Matschulo, Alex Okrut, Angie Pendl, Katharina Pliester, Marcus Roming, Anna Ruf, Peter Schmitt, Sara Simonato, Manola Stay, Sabine Stolz, Akbar Tellenbach, Jens Treptow, Jan Ungelenk, Silke Wolf, Michael Wolff, Monika Zellner, Aksana Zharkouskaya und Christian Zurmühl.

- Mein Dank gilt allen Korrekturlesern dieser Arbeit: Jonas Conradt, Fabian Gyger, Joachim Heck, Christian Kind, Alicia Malek, Martin Schwarz, Martin Sigle, Jan Ungelenk, Silke Wolf und Michael Wolff.

- Zu guter Letzt möchte ich meiner Familie und meiner Verlobten Alicia für die Unterstützung danken, ohne die diese Arbeit nicht möglich gewesen wäre.